计算机信息网络安全研究

贾伟娜　李　萍　史丽丽◎著

中国原子能出版社

图书在版编目（CIP）数据

计算机信息网络安全研究 / 贾伟娜，李萍，史丽丽
著 . -- 北京 ：中国原子能出版社，2023.7
ISBN 978-7-5221-2832-0

Ⅰ．①计… Ⅱ．①贾… ②李… ③史… Ⅲ．①计算机
网络－网络安全－研究 Ⅳ．① TP393.08

中国国家版本馆 CIP 数据核字（2023）第 130890 号

计算机信息网络安全研究

出版发行	中国原子能出版社（北京市海淀区阜成路 43 号　100048）	
责任编辑	杨晓宇	
责任印制	赵　明	
印　　刷	北京天恒嘉业印刷有限公司	
经　　销	全国新华书店	
开　　本	787 mm×1092 mm　　　1/16	
印　　张	12.5	
字　　数	217 千字	
版　　次	2023 年 7 月第 1 版	2023 年 7 月第 1 次印刷
书　　号	ISBN 978-7-5221-2832-0	**定　价**　72.00 元

作者简介

贾伟娜，女，1988年7月出生，河南省安阳市人，毕业于杭州电子科技大学，硕士研究生学历，现在郑州升达经贸管理学院任讲师。研究方向为智能信号处理、微处理器应用。参与并完成河南省科技厅科研项目一项、河南省教育厅科研项目两项，拥有软件著作权两项，获授权实用新型专利一项，发表论文五篇。

李萍，女，1989年3月出生，河南省周口市人，毕业于郑州大学，硕士研究生学历，现在郑州升达经贸管理学院任讲师。研究方向为计算机应用、信息处理。参与并完成河南省科技厅科研项目两项、河南省社科联课题一项、河南省民办教育协会调研课题一项，获授权发明专利三项，发表论文五篇。

史丽丽，女，1987年6月出生，河南省安阳市人，毕业于西安电子科技大学，硕士研究生学历，现在郑州升达经贸管理学院任讲师。研究方向为信号处理与应用、智能控制。参与并完成河南省科技厅科研项目一项、横向课题两项，拥有软件著作权两项，获授权发明专利一项，发表论文五篇。

前　言

　　以因特网为代表的信息网络技术应用正日益普及，应用领域从传统小型业务系统逐渐向大型关键业务系统扩展，例如党政部门信息系统、金融业务系统、企业商务系统等。网络安全已经成为影响网络效能的重要问题，而因特网所具有的开放性、自由性和国际性在增加应用自由度的同时，对安全提出了更高级别的要求。一般来说，网络安全由信息安全和控制安全两部分组成。信息安全指信息的完整性、可用性、保密性和可靠性；控制安全则指身份认证、不可否认性、授权和访问控制。互联网的开放性、分散性和交互性特征为信息交流、信息共享、信息服务创造了理想空间。网络技术的迅速发展和广泛应用，为人类社会进步提供了巨大推动力。然而，正是由于互联网的特性，产生了信息污染、信息泄露、信息不易受控等诸多安全问题。

　　随着计算机网络技术与应用不断发展，计算机系统和网络广泛应用于国家的许多部门，伴随而来的计算机系统安全问题越来越引起人们的关注。许多重要资料存储于计算机中，而计算机系统一旦遭受破坏，将给使用单位造成重大经济损失，并严重影响正常工作的顺利开展。由此看来，学习与普及计算机网络安全知识是信息化建设工作的重要内容之一。

　　本书第一章为信息与计算机网络安全概述，分别介绍了计算机网络安全的内涵、计算机网络安全的体系结构、信息安全的技术环境和信息系统的物理安全四部分内容；本书第二章为计算机系统安全探究，分别介绍了计算机硬件与环境安全、计算机操作系统安全和计算机安全软件工程三部分内容；本书第三章为计算机信息网络安全的防护技术，分别介绍了数字加密技术与认证、防火墙技术和计算机病毒的防治技术三部分内容；本书第四章为计算机信息安全风险管理与评估，主要介绍了计算机信息安全风险管理和计算机信息安全风险评估两部分内容；

本书第五章为计算机网络信息安全现状与未来发展，主要介绍了计算机网络信息安全的常见威胁、我国互联网网络信息安全现状和计算机网络信息安全发展趋势三部分内容。

在撰写本书的过程中，作者得到了许多专家学者的帮助和指导，参考了大量的学术文献，在此表示真诚的感谢！本书内容系统全面、论述条理清晰，但限于作者水平，加之时间仓促，本书难免存在一些疏漏，恳请同行专家和读者朋友批评指正！

目　录

第一章　信息与计算机网络安全概述

本章讲述的是信息与计算机网络安全概述，主要从以下几方面进行具体论述，分别为计算机网络安全的内涵、计算机网络安全的体系结构、信息安全的技术环境和信息系统的物理安全四部分内容。

第一节　计算机网络安全的内涵

一、计算机网络安全的认识

计算机网络安全的定义即计算机网络安全概念的内涵，而计算机网络安全的目标以及计算机网络安全的层次均为计算机网络安全概念的外延。其中计算机网络安全的目标即计算机网络安全的存在意义，计算机网络安全的层次即计算机网络安全的具体内容。

从不同的角度和层面，对计算机网络安全的认识也有不同的理解，但是基本上是大同小异的。

有人认为，计算机网络安全是指利用网络管理控制和技术措施，保证在一个网络环境里，数据的保密性、完整性及可使用性受到保护[①]。计算机网络安全包括两个方面，即物理安全和逻辑安全。物理安全指系统设备及相关设施受到物理保护，免于破坏、丢失等。逻辑安全包括信息的完整性、保密性和可用性。

与之稍有不同的认识是：计算机网络安全是指利用管理控制和技术措施，保证在一个网络环境里信息数据的机密性、完整性及可使用性得到保护。从广义上说，网络安全包括网络硬件资源和信息资源的安全性。硬件资源包括通信线路、通信设备（交换机、路由器等）、主机等，要实现信息快速、安全地交换，可靠

---

① 关中印，于亮．大学生安全教育 [M]．西安：陕西师范大学出版总社，2018.

1

的物理网络是必不可少的。信息资源包括维持网络服务运行的系统软件和应用软件，以及在网络中存储和传输的用户信息数据等。信息资源的保密性、完整性、可用性、真实性等是网络安全研究的重要课题

也有人认为：计算机网络安全不仅包括组网的硬件、管理控制网络的软件，也包括共享的资源、快捷的网络服务，所以定义网络安全应考虑涵盖计算机网络所涉及的全部内容。参照国际标准化组织（International Organization for Standardization，ISO）给出的计算机安全定义，计算机网络安全是指，保护计算机网络系统中的硬件、软件和数据资源，不因偶然或恶意的原因遭到破坏、更改、泄露，使网络系统连续可靠性地正常运行、网络服务正常有序。

同样类似的说法是：计算机网络安全的定义包含物理安全和逻辑安全两方面的内容。逻辑安全的内容可理解为通常所说的信息安全，是指对信息的保密性、完整性和可用性的保护；而网络安全性的含义是信息安全的引申，即网络安全是对网络信息保密性、完整性和可用性的保护。计算机网络安全是指，为数据处理系统建立和采取技术和管理方面的安全保护，保护计算机硬件、软件数据不因偶然和恶意的原因而遭到破坏、更改和泄露。

综上所述，计算机网络安全是指利用技术与非技术手段，使计算机网络系统中的硬件、软件以及信息资源不被破坏、攻击、窃取的相关内容。计算机网络安全是一门涉及计算机科学、计算机网络技术、密码技术、信息安全技术、应用数学、数论和信息论、控制论、系统论等的综合性学科。从广义来说，凡是涉及计算机网络上硬件、软件以及信息的保密性、完整性、可用性、真实性和可控性的相关技术和理论都是计算机网络安全的研究领域。

二、计算机网络安全的目标和要求

（一）计算机网络安全的目标

由计算机网络安全的定义可知，计算机网络安全的目标即保证计算机网络上硬件、软件以及信息这三种主要资源的保密性、完整性、真实性、可用性、可控性和可审性。

1. 机密性

机密性是指计算机网络系统中的硬件、软件以及信息不泄露给非授权用户、实体，或供它们利用的特性。机密性就是保证授权用户可以访问计算机网络系统中的硬件、软件以及信息，而限制其他人对硬件、软件以及信息的访问。机密性分为网络传输保密性和信息存储保密性。

机密性的主要实现技术包括：

（1）保证计算机网络不被非授权者获取与使用、保证计算机网络系统不以电磁方式向外泄露信息的电磁屏蔽技术、加扰技术。

（2）使系统任何时候不被非授权者使用的漏洞扫描、隔离、防火墙、访问控制、入侵检测、审计取证等技术。

（3）保证数据在传输、存储过程中不被获取、解析的数据加密技术等。

2. 完整性

完整性是指计算机网络系统中的硬件、软件以及信息未经授权不能进行改变的特性，即信息在计算机网络系统中的硬件、软件中存储或传输过程中保持不被修改、不被破坏和丢失的特性。完整性的目的就是保证计算机系统上的信息处于一种完整和未受损害的状态，这就是说，信息不会因故意或无意的事件而被改变或丢失。完整性的丧失直接影响可用性。

完整性的主要实现技术包括：

（1）保证信息是真实可信的，发布者不被冒充，来源不被伪造，内容不被篡改的加密技术。

（2）保证信息在传输、存储过程中不被非法修改的完整性标识的生成与检验技术。

（3）保证信息源头不被伪造的身份认证技术、路由认证技术。

3. 真实性

真实性是指计算机网络系统中的硬件、软件以及信息在使用过程中的准确度，即计算机网络系统中的硬件、软件以及信息在使用过程中没有被替换、篡改或者冒充。

4. 可用性

可用性是指被授权实体访问并按需求使用计算机网络系统中的硬件、软件以及信息的特性，即当需要时能否使用和访问所需的计算机网络系统中的硬件、软件以及信息。

可用性的主要实现技术包括：

（1）保证信息与计算机网络系统可被授权人正常使用的识别技术。

（2）保证计算机网络系统在恶劣工作环境下正常运行的抗干扰、加固技术。

（3）保证计算机网络系统时刻能为授权人提供服务的过载保护、防拒绝服务攻击、生存技术等。

5. 可控性

可控性是指对计算机网络系统中的硬件、软件以及信息的内容、使用及传输具有控制能力。

6. 可审性

可审（查）性是指计算机网络系统中的硬件、软件以及信息出现安全问题时系统能提供依据和手段。

可审性的主要实现技术包括：

（1）身份鉴别机制：身份识别和鉴别机制是计算机网络安全的关键。它帮助鉴别知道什么、有什么、是什么等身份权限问题。

（2）审计：它提供过去事件的记录，但它必须基于合适的身份识别和鉴别服务。

（二）计算机网络安全的要求

在网络环境下，信息安全包括存储安全和传输安全两个方面。

信息的存储安全是一种静态安全。对于一些十分机密的信息应采取严密的隔离措施加以保护，一般情况下，通过设置访问权限、身份识别、局部隔离等措施进行保护。使用访问控制技术是解决静态信息安全的有效途径。

信息的传输安全是一种动态安全。在一定时间段上，信息完全处于"暴露"状态。为了确保信息的传输安全和确保接收到的是真实信息，必须防止下列网络现象发生。

（1）冒充：这是一种以假冒身份访问网络的现象。冒充者假装成消息发送者直接向对方发送消息，用以欺骗对方进而获取相应的服务和资源。冒充常伴随着重演和篡改现象发生，从而使数据失去真实性。

（2）重演：这是一种以获取合法信息为主的攻击行为。它首先将截获到的信息复制到指定的存储介质上，然后再将所截获的信息原封不动地重新发给对方，用以欺骗对方从而达到非法访问资源的目的。例如，截获存款单，然后反复发送存款单，待时机成熟，冒领存款。

（3）篡改：这是一种以增加、删除或修改数据信息为主的攻击行为。它首先截获别人的数据信息，接着将之篡改，然后再转发给对方，使对方得到虚假信息。这种篡改直接导致合法数据的完整性丧失。

（4）截获：这是一种以分析信息内容和业务流量为主的攻击行为。它只对截获到的信息做复制处理而不做任何改动就直接将之转发出去，其目的是分析出信息内容或进行业务流量分析。这种现象是很难被发现的，它将使数据失去保密性。

（5）中断：这是一种以拒绝服务为主的攻击行为。它通过各种手段（如破坏网络硬件设施、发送大量的垃圾请求）让网络失去可用性，使合法信息不能抵达目的地。

（6）抵赖：这是一种否认自己发送或接收行为的现象。当信息发送者将信息发送出去后，并不承认是自己发送的信息；或信息接收者接收到信息后，也不承认自己收到了信息。不论是发送者还是接收者，当出现抵赖现象时，都会导致严重的争执，造成责任混乱。

为了保证网络程序和数据在服务器、物理信道和主机上的安全，要求网络必须能够提供解决上述问题的各种安全服务功能，如认证服务、数据机密性服务、数据完整性服务、访问控制服务、不可否认性服务等。这些安全服务在一定程度上可以有效防止网络中的数据信息失去真实性、完整性、保密性和可用性，能够有效控制非法访问和抗抵赖。

三、计算机网络安全的主要内容

在理论上，计算机网络安全包括理论研究和应用实践两个方面。理论研究主要包括安全协议、算法、安全机制、政策法规、标准等；应用实践主要包括安全体系、安全策略、安全管理、安全服务、安全评估、安全软硬件产品开发等。

在技术上，网络安全包括物理安全、运行安全、信息安全和安全保证四个方面。

（一）物理安全

物理安全主要包括环境安全、设备安全和记录介质安全。环境安全涉及中心机房和通信线路的安全保护问题；设备安全涉及设备的防盗和防毁、设备的安全使用等问题；记录介质安全涉及使用安全和管理安全等问题。

（二）运行安全

运行安全指的是采取的各种安全检测、网络监控、安全审计、风险分析、网络防病毒、备份及容错、应急计划和应急响应等方法和措施。

（三）信息安全

信息安全指的是通过采取各种安全技术措施，保护在计算机信息系统中存储、传输和处理的信息，不因人为的或自然的原因被泄露、篡改和破坏。

（四）安全保证

安全保证指的是可信计算基（TCB）的设计、实现与安全管理。

四、计算机网络的类型及主要安全问题

（一）计算机网络的类型

根据网络安全策略和安全机制所覆盖的安全区域，可以将网络划分为单机节点、单一网络、互联网络和开放互联网络四种类型。

1. 单机节点

所谓单机节点是指由计算机系统及其配套的基础设施组成的独立系统。其中，计算机系统可以是网络中的任何具有信息处理和交换能力的主机设备，如服务器、工作站、共享打印机等。而基础设施是指支持计算机系统工作的各类辅助设备及设施，包括网络适配器、线路、工作环境、纸张、移动介质等。

单机节点构成一个本地计算环境，它是网络中用于信息处理的基本单元。网络环境中主要包括两类单机节点：一类是服务器，它能为网络提供所需服务和进

行网络管理等，服务器上配置了大量用于网络服务和管理的软件，包括数据库、常用工具软件等，使用网络操作系统（NOS）支持其工作；另一类是客户机或工作站，它是网络中的用户节点，可以通过网络服务共享网络资源和与其他网络用户交互信息等，客户机上一般配置桌面操作系统及其相应软件和工具。这两类单机节点对安全的需求是不一样的，服务器的安全要求更高一些。

2. 单一网络

在单一安全策略管理下，将若干单机节点用通信网络连接起来的系统称为单一网络。其中，安全策略规定了单一网络的安全范围和目标，明确在安全范围内哪些操作是允许的、哪些是不允许的。一般情况下，策略只是提出什么是最重要的，而不确切地说明如何达到所希望的这些结果。根据安全策略所要求的目标可以将单一网络划分为机密网络、私有网络和公用网络（包括公用电话网）。单一网络主要用于某个部门内部的信息处理业务，共享其内部资源，满足其内部分布式业务处理的各种需求。

组建单一网络的基本要求是：事先建立统一的安全策略和管理制度；建立统一的组网策略、网络结构和全方位的安全连接：使用标准网络技术、安全技术、认证技术和通用操作界面，并与原有网络和应用相结合。

组建单一网络的基本方法包括：传统的专线方式、帧中继方式和基于 Internet 的虚拟专用网 VPN 方式。传统的专线方式是将各地网络用数字专线点对点地互联在一起，并通过拨号与远端网络连接。其主要优点是可掌握互联网络控制权和具有一定的安全性，缺点是需要专门维护、费用高、易出现漏洞。

帧中继方式是利用在公用网络（如公用电话网）中建立永久虚电路（PVC）的形式，将各地网络和远端网络，点对点连接在一起。其主要优点是：实现 LAN-LAN 连接的成本低于专线连接；可靠性优于专线方式；通信仅限于 PVC 内具有较好的安全性能；支持多协议传输。其缺点是：不适合交互式多媒体应用；不能扩展；不能较好地处理拥塞问题。

目前，随着 VPN 技术不断成熟，基于 Internet 的虚拟专用网方式被普遍采用。VPN 与 PVC 有很多相似之处，VPN 方式也是利用在公用网络（如 Internet 网络）上划出专用通道将各地网络互连在一起。其主要优点是：实现 LAN-LAN（Local Area Neork，局域网）简单，成本低，具有较好的安全性能；可保证交互式多媒体应用，可配置多种服务质量，标准化和规范化程度高。其缺点是：需要配置、管理防火墙和 VPN 设备，服务质量难以保证。

构成单一网络的基本组件可分为单机节点组件、网络组件、安全组件和服务管理组件。其中，单机节点组件包括应用服务器、客户端、网关服务器、备份服务器等；安全组件包括安全框架，安全策略，系统软件和应用软件的安全配置方案，信息的保密性、完整性和可用性的检验与判别方法，等等；服务管理组件包括对网络内部的 SLA（Service-Level Agreement，服务等级协定）管理系统、对网络外部服务提供商的 SLA 管理系统、网络内部管理与报告系统、帮助与故障处理系统等。

3. 互联网络

在一个信息安全（Information Assurance，IA）机制的统一控制管理和服务基础上，将若干单机节点、单一网络通过网络和基础设施互联起来的系统称为互联网络。其中，网络和基础设施主要指在单一网络间提供连接的设备和设施，包括在 LAN、MAN、WAN，以及网络节点间（如路由器和交换机）传递信息的传输部件（如卫星、微波、光纤等）和其他重要的网络基础设施组件（如网络管理组件、域名服务器及目录服务组件等）。IA 机制是互联网络中的一种安全和策略框架，主要为终端用户、Web 服务、数据库应用、文件、域名系统（Domain Name System，DNS）服务和目录服务等环境提供安全服务。保证 IA 机制正常工作的基础平台称为支撑基础设施。

互联网络主要用于部门间需要合作的信息处理业务，实现更广泛的资源共享和满足大型分布式业务处理的各种需求，如政务、商务、金融交易、协同工作等。组建互联网络的基本要求是：事先建立统一的信息安全机制（IA）保证各单一网络间及整个网络系统的安全性；满足易用、易扩展和互操作性能要求，真正扩充原有网络的应用功能；建立健全的安全管理和法律保障措施，消除潜在的影响。组建互联网络的基本方法主要是采用异步传输模式 ATM、帧中继方式和 VPN 技术。

构成互联网络的基本组件包括单一网络组件、网络组件、单机节点、互联网安全组件、互联网服务管理组件等。

4. 开放互联网络

所谓开放互联网络就是指具有全球性质的互联网络，它没有归属权，但需要有一个全球统一的安全策略和保障机制，这套机制是每个互联网络中的 IA 机制都能接受并遵守的。

（二）计算机网络的安全性及其隐患

一台独立的计算机系统具有较高的信息处理能力，它为人们的工作和生活带来便利，但其功能是受限的，将它连接到一个网络中，实现资源共享，构成较大的分布式信息处理系统时，就可以发挥更大的作用。同时，信息处理系统的安全性问题和隐患也随之增加了。所连接的网络规模越大，安全问题就越突出。

当将一张带病毒的软盘插入一台正在工作的计算机驱动器中时，病毒就可能传播到该计算机系统中，并潜伏下来，攻击随时可能发生。如果将染上病毒的计算机接入网络，将会对整个网络上的其他节点产生威胁。同样，其他节点中的隐患也会对本机构成新的威胁。

仅有一台独立的计算机系统时，需要考虑的安全性问题较少，也容易消除安全隐患。而接入网络后，需要考虑的安全性问题增多，消除安全隐患的方法更为复杂，既要考虑单机系统安全，又要考虑网络安全，特别是开放系统互联网络的安全性问题。例如，要保护存放在未联网的单机中的一些重要信息（称为敏感信息），可以采取较为严格的控制措施，来防止其他用户接触重要信息。但是，如果将这样的计算机接入网络，则由于资源共享，网络中的任何一个用户都有可能找到这些敏感信息，需要控制防范的对象增多，控制的难度增大。再如，根据分布式系统处理的需要，随时会通过网络在多台计算机间传递数据信息，如果这些数据得不到有效的安全保护，则很可能丢失或出错，进而导致数据处理失败，造成严重后果。

当今社会的发展，对计算机系统特别是对计算机网络的依赖程度越来越高，安全问题越来越突出，涉及范围越来越广，解决方法越来越复杂。针对计算机网络，需要安全保护的重点内容是：

（1）信息与数据，包括各种软件资源和与安全措施有关的参数（如口令、密码等）。

（2）数据通信过程和各种数据处理服务。

（3）各种网络设备和设施。

（三）计算机网络的主要安全问题

1. 单机节点的安全问题

（1）外部威胁

外部威胁主要是通过网络非法访问单机节点来窃取和破坏单机节点上的信息资源。这种非法访问目的不尽相同，其可能的原因是：

①展示个人技术，仅仅满足于通过网络突破和进入一个计算机系统。

②对现实不满或进行犯罪活动，为报复或经济利益而寻求破坏和使用系统资源。

③查找计算机系统存在的弱点及所处的逻辑位置，变非法用户为合法用户，为截获和篡改数据做准备。

④利用系统缺陷，禁止合法用户使用系统资源。

（2）内部威胁

内部威胁又分为由单机节点自身产生的威胁和由单机节点环境产生的威胁两种情况。

①由单机节点自身产生的威胁

大多数系统软件和应用软件都存在各种各样的问题。由于系统存在缺陷和漏洞，很容易受到攻击和破坏，同时，也威胁着自身的安全。例如，一个正在进行信息处理的系统，如果不对硬盘格式化进程加以限制，将会导致严重后果。早期的 Windows 系统就存在这个隐患。

某些硬件系统也存在着不足。例如，单机节点很可能出现电磁泄漏现象，一旦发生电磁泄漏，很容易通过电磁扫描来监视和获得系统信息，这种现象是不容忽视的。另外，某些特殊机构还将特定的微型收发系统置入 CPU 内部来窃取情报，其危险性可想而知。

②由单机节点环境产生的威胁

单机节点环境构成的威胁主要是破坏物理设备和非法访问系统。例如，火灾、水灾、偷窃、电磁干扰、电路负荷过大等都会对物理设备产生破坏性影响，不按正确规程操作也会造成物理设备损坏。

综上所述，单机节点的安全问题可归纳如下：

偷窃和破坏网络设备和基础设施；通过网络或搭线连接等方式来截获、篡改、干扰和监听单机节点内部的信息及与网络进行交换的各种信息；通过网络、移动介质或其他方式导致有害程序或病毒的入侵；非法访问单机节点及其相关资源；在单机节点上安装的操作系统、数据库、应用软件等自身存在的缺陷和漏洞；单机节点上的安全配置不完善；恶意操作或误操作。

在网络环境下，增强边界功能、严格控制和检查通过网络对单机节点的访问可提高单机节点系统的安全性。加强管理、增强对单机节点的访问控制、配置基于主机的监控组件，如病毒检测系统、入侵检测系统等，用以防范可能的攻击。

2. 单一网络的安全问题

对单一网络的威胁同样来自内部和外部两个方面。除对单机节点的威胁外，单一网络内部受到威胁的对象还有通信网络。对通信网络的威胁主要有：

（1）破坏网络通信设备和设施。

（2）截获、篡改、干扰和监听网络传递的数据信息。

（3）向通信网络发送大量垃圾数据，造成网络通信服务中断。

（4）讹用和删除网络信息、更改网络配置参数等，致使网络服务异常。

（5）通信网络自身的缺陷和漏洞，如网络配置不当、通信算法的局限性、通信协议与协议转换的不确定性等。

在网络环境下，外部信息可通过对网络边界的访问而进入网络内部。同样，内部信息也可通过对网络边界的访问而发送到外部。严格控制和监督边界上的信息交换是提高单一网络安全性能的方法之一。为了保护单一网络内部的安全，可以在边界上采用防火墙、门卫系统、VPN、标识和鉴别、访问控制等多种控制措施对进出信息加以控制，并采用基于网络的入侵检测系统（Intrusion Detection System，IDS）、网络病毒检测器等各种监督措施对网络上的流动信息进行检测。

3. 互联网络的安全问题

互联网络的安全问题较为复杂，大多数互联网都是建立在公共网络之上的。因此，它的安全问题不仅要考虑单机节点和单一网络，还要考虑公网的安全问题。

单一网络是对外开放的，互联网络内的任何一个节点都可以通过某种方式访问网络内任何一个单一网络，这给网络安全带来隐患是避免不了的。互联网中的用户数量增多，网络基础设施规模庞大，也会给整个网络增加安全隐患。如果网络基础设施遭到破坏，则整个网络都将处于瘫痪状态。即使网络基础设施安全了，那么网络上提供的服务是否可信、数据通信是否安全、遇到攻击怎么办、所使用的安全策略是否安全等一系列安全问题也不容忽略，忽视安全问题就等于抛弃财富、放弃主权。

在互联网络中，来自内部的威胁越来越大。据研究资料统计，近几年，由于未授权的内部人员非法滥用信息网络导致安全事件发生的概率迅速增加。

4.Internet 网络的安全问题

Internet 网络是一个全开放的国际互联网络平台，它包括了各种类型的网络。该网络主要解决异种网络互联问题，保证数据信息能从源出发地到达目的地，并为网络上的各类用户提供最基本、最通用的服务和应用，如文件传输、电子邮件、虚拟终端、网络语音、多媒体数据通信、Web 应用与服务等。

在网络和基础设施得到安全保障的前提下，数据通信安全和网络服务安全是 Internet 网络中较为突出的两个问题，而网络服务安全又是建立在数据通信安全基础之上的。

在数据通信安全方面，Internet 网络可能会遇到四种类型的安全问题：数据通信被中断（失去可用性）；通信数据内容被篡改（失去完整性）；通信数据被窃取（失去保密性）；传递以别人名义伪造的数据（失去真实性）。

在网络服务安全方面，Internet 网络可能遇到的安全问题更多。主要表现在：

（1）认证环节薄弱、脆弱性的口令设置和认证的对象范围宽泛不具体。

（2）易被监视，远程登录、FTP（文件传输）均使用明文传输口令，极易被窃取，电子邮件、文件传输的流向易被监视分析。

（3）易被欺骗，由于 Internet 不能有效判断出数据包的源 IP 地址，因此，经常受到重放攻击。

（4）由于局域网服务存在缺陷，以及主机间的相互信任关系，所以很容易导致管理放松和麻痹大意。

（5）复杂的设备和配置很容易产生配置错误，从而使恶意者趁虚而入。在实际应用中，一旦发生安全问题，将会对国家的政治、经济和文化构成严重威胁。随着人们对 Internet 网络依赖程度的提高，它的安全问题愈发重要，并引起了世界各国的高度重视。世界各国都在积极研究、改进和增强它的安全性能。

五、维护计算机网络安全的主要措施

（一）预防

预防是一种行之有效的、积极主动的安全措施，它可以排除各种预先能想到的威胁。访问控制、安全标记、防火墙等都属预防措施。

（二）检测

检测也是一种积极主动的安全措施，它可预防那些较为隐蔽的威胁。基于主机的入侵检测、病毒检测器、系统脆弱性扫描等都属检测措施。检测分边境检测、境内检测和事故检测三个阶段。边境检测阶段主要是针对进出网络边界的各种行为进行安全检查和验证；境内检测阶段主要针对在网络区域内的各种操作行为进行监视、限制和记录；事故检测主要是用于安全管理、分析等的检测。

（三）恢复

恢复是一种消极的安全措施，它是在受到威胁后采取的补救措施。重新安装系统软件、重发数据、打补丁、清除病毒等都属恢复措施。

一个安全策略可采用不同类型的安全措施，或联合使用，或单独使用，至于选择何种安全措施取决于该策略的目的和所采用的安全机制。网络环境下可以采用的安全机制包括加密机制、密钥管理、数字签名、访问控制、数据完整性、认证交换、通信业务填充、路由选择控制、公证机制、物理安全与人员可靠，以及可信任的硬件与软件等内容。

六、计算机网络安全问题的根源

安全问题最终是人的问题，根据人的行为可将网络安全问题分为偶发性和故意性两类。偶发性主要是由于系统本身故障、操作失误或软件出错导致的；而故意性则是他人利用系统中的漏洞而进行的一种攻击行为或直接破坏物理设备和设施的攻击行为。

理论和技术上的局限性必然导致计算机及其网络硬件设备存在这样或那样的不足，从而在使用时很可能产生各种各样的错误。软件系统也是如此，人们为了能够不断改进和完善自己所设计的系统软件和应用软件的功能，在设计期间，开设了"后门"，这个后门只有设计者知道，通过"后门"可以随意更新和修改软件内容。网络管理人员在使用网络系统时，由于操作失误，也会给网络带来灾难性的后果。

如果这些技术上的缺陷和管理上的疏忽大意被人利用，则网络就会受到严重威胁。那些未经授权的用户就会趁虚而入，恶意地篡改系统信息、伪造数据或中断系统工作等。例如，破坏路由表信息、改变系统路由状态、中断网络服务等致使网络不能正常工作。另外，还有一些人，虽然不进行明显的破坏活动，但不怀好意地使用一定手段窃取和分析网络信息。

第二节　计算机网络安全的体系结构

一、一般安全模型

一般安全模型是基于安全策略建立起来的，它的基本结构如图 1-2-1 所示。所谓安全策略是指为达到预期安全目标而制定的一套安全服务准则。目前，多数网络安全策略都是建立在认证、授权、数据加密和访问控制等概念之上的，互联网络上常见的有直接风险控制策略、自适应网络安全策略和智能网络系统安全策略。

这里的"授权"意指"授予权力"。根据授权特性可将安全策略分为基于身份的安全策略和基于规则的安全策略两种。基于身份的安全策略是通过对访问者进行身份验证来决定能否对指定数据或资源进行访问的一种策略；基于规则的安全策略是通过对访问者所配发的安全标记与要访问的数据或资源的安全标记进行对比来决定能否访问的一种策略。

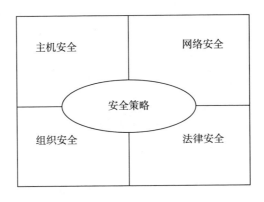

图 1-2-1 一般安全模型

在图 1-2-1 中，主机安全的内容主要包括：如何认证用户身份；如何有效控制对系统资源的访问；如何安全存储、处理系统中的数据；如何进行审计跟踪；等等。

网络安全的主要内容包括：如何有效进行接入控制；如何保证数据传输的安全性；如何达到安全策略的系统特性（安全服务和安全机制问题）；网络安全检测和安全恢复。

组织安全的主要内容包括：建立健全安全的管理规范，因为最安全的环节是人为实现的，最薄弱的环节也是人为造成的，如何加强对人的管理是网络安全中的大问题。

法律安全的主要内容包括：隐私权、知识产权、数据签名、不可抵赖性服务。

美国国际互联网安全系统公司（ISS，Internet Security Systems Inc.）提出了一个可适应网络安全模型（Adaptive Network Security Model）——PPDR 模型，即策略（Policy）、保护（Protection）、检测（Detection）和响应（Response）。如图 1-2-2 所示，PPDR 强调依据安全策略，通过检测、响应和保护等环节的循环配合过程达到网络安全的目的。PPDR 模型包括风险分析、执行策略、系统实施、漏洞检测和实时响应等几个主要环节。安全策略是 PPDR 模型的核心，它明确了安全管理的方向和技术支持手段。

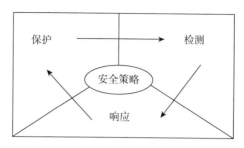

图 1-2-2 PPDR 网络安全模型

为了实现 PPDR 模型，提高整个网络的安全性能，1997 年 ISS 公司推出了基于 PPDR 的网络安全解决方案，并开发了 SAFEsuite 套件。该方案包括 Internet 扫描组件、系统扫描组件、数据库扫描组件、实时监控控制组件和套件决策软件等内容，可用于网络安全的策略、保护、检测、响应等各个环节。

二、ISO/OSI 安全体系

ISO/OSI 安全体系包括安全服务、安全机制、安全管理和安全层次四部分内容。其中，安全机制是 ISO/OSI 安全体系的核心内容之一，通过安全机制实现了 ISO/OSI 安全体系中的安全服务和安全管理，而安全层次描述了安全服务的位置。

（一）安全服务

ISO/OSI 安全体系中提供了五种安全服务，分别是认证服务、数据机密性服务、数据完整性服务、访问控制服务和不可否认性服务。

（二）安全机制

ISO/OSI 安全体系中的安全机制分为特殊安全机制和通用安全机制两大类。特殊安全机制包括加密机制、数字签名、访问控制、数据完整性、鉴别交换、业务流量填充、路由控制和公证机制。

通用安全机制包括可信任功能、安全标签、事件检测、安全审计跟踪和安全恢复。

（三）安全管理

ISO/OSI 安全体系中的安全管理可分为系统安全管理、安全服务管理和安全机制管理三个部分。

系统安全管理包括安全策略管理、事件处理管理、安全审计管理、安全恢复管理等。安全服务管理包括为服务决定与指派目标安全保护、制定与维护选择规则、用以选取为提供所需的安全服务而使用的特定的安全机制、对那些需要事先取得管理同意的可用安全机制进行协商（本地的和远程的）、通过适当的安全机制管理功能调用特定的安全机制。例如用来提供行政管理而强加的安全服务等。

安全机制管理包括密钥管理、加密管理、数字签名管理、访问控制管理、数据完整性管理、鉴别管理、通信业务填充管理、路由选择控制管理和公证管理等。

（四）安全层次

ISO/OSI 安全体系是通过在不同的网络层上分布不同的安全机制实现的，这些安全机制是为了满足相应的安全服务必须选择的，其在不同网络层上的分布情况如图 1-2-3 所示。

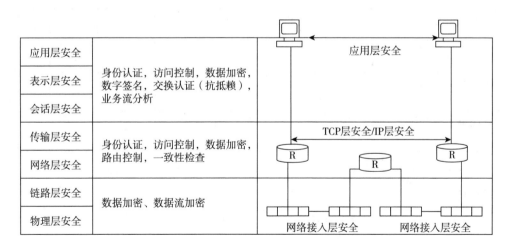

图 1-2-3 网络安全层次模型及各层主要安全机制分布

ISO/OSI 安全体系中的安全服务与安全机制间的相互关系，如表 1-2-1 所示。在表 1-2-1 中，对于每一种安全服务都标明了哪些安全机制被认为是适宜的，或单独提供一种机制，或多种机制联合提供。

表 1-2-1 ISO/OSI 安全体系中的安全服务与安全机制间的相互关系

安全服务	安全机制							
	加密机制	数字签名	访问控制	数据完整性	鉴别交换	业务流量填充	路由控制	公证机制
对等实体鉴别	Y	Y	•	Y	•	•	•	•
数据原发鉴别	Y	Y	•	•	•	•	•	•
访问控制服务	•	•	Y	•	•	•	•	•
连接机密性	Y	•	•	•	•	•	Y	•
无连接机密性	Y	•	•	•	•	•	Y	•
选择字段机密性	Y	•	•	•	•	Y	•	•
通信业务流机密性	Y	•	•	•	•	Y	Y	•
带恢复的连接完整性	Y	•	•	Y	•	•	•	•
不带恢复的连接完整性	Y	•	•	Y	•	•	•	•
选择字段连接完整性	Y	•	•	Y	•	•	•	•
无连接完整性	Y	Y	•	Y	•	•	•	•
选择字段无连接完整性	Y	Y	•	Y	•	•	•	•
抗抵赖，带数据原发证据	•	Y	•	Y	•	•	•	Y
抗抵赖，带交付证据	•	Y	•	Y	•	•	•	Y

说明：Y——表示这种机制被认为是适宜的，或单独使用，或与其他的机制联合使用。

• ——表示这种机制被认为是不适宜的。

三、信息安全保证技术框架

信息安全保证技术框架将信息安全分成四个主要环节，即保护（Protect）、检测（Detect）、响应（React）和恢复（Restore），如图 1-2-4 所示，其简称为 PDRR 模型。

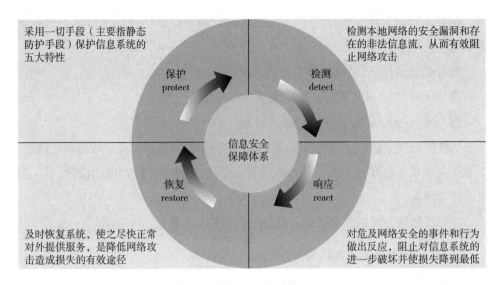

图 1-2-4　PDRR 模型

PDRR 模型是美国近年提出的概念，其重要思想包括：信息安全的三大要素是人、政策和技术。政策包括法律、法规、制度和管理等。其中，人是最关键的要素。

信息安全的内涵包括鉴别性、保密性、完整性、可用性、不可抵赖性、责任可检查性和可恢复性等几个目标。信息安全的重要领域包括网络和基础设施安全、支撑基础设施安全、信息安全，以及电子商务安全等。信息安全的核心是密码理论和技术的应用，安全协议是纽带，安全体系结构是基础，监控管理是保障，设计和使用安全芯片是关键。

网络安全的四个主要环节包括保护、检测、响应和恢复。

网络安全与四个主要环节的处理时间直接相关。在 PDRR 模型中，网络安全的含义与被攻破保护的时间（t_P）、检测到攻击的时间（t_D）、响应并反攻击的时间（t_R）和系统被暴露的时间（t_E）直接联系在一起。其中，t_P 指从入侵开始到成功侵入系统的时间；t_D 指从安全检测（或监控）开始到发现安全隐患和潜在攻击的时间；t_R 指从发现攻击到系统启动响应措施的时间；t_E 指从发现破坏系统行为到将系统恢复正常状态的时间。

根据这些时间的描述，可将网络安全划分为两个阶段，一是检测—保护阶段；二是检测—恢复阶段。

在第一阶段，网络安全的含义就是及时检测和立即响应，用数学形式描述如下：

当 $t_P > t_D + t_R$ 时，说明网络处于安全状态；

当 $t_P < t_D + t_R$ 时，说明网络已受到危害，处于不安全状态；

当 $t_P = t_D + t_R$ 时，网络安全处于临界状态。

从数学角度分析，t_P 的值越大说明系统的保护能力越强，安全性越高；反之，安全性能就低。t_D 和 t_R 的值越大说明系统安全性能越差，保护能力降低；反之，保护能力增强。

在第二阶段，网络安全的含义是及时检测和立即恢复。

（一）单机节点的基本结构

网络中的单机节点是进行网络信息交互处理的主要设备。在单机节点上，既包含着动态信息，又包含着静态信息，信息的处理是由安装在其上的系统软件、数据库系统和应用软件实现的。单机节点是网络安全的重要环节，也是涉及安全问题较多的部位。实际上，网络安全除了保护网络设备及通信外，就是保护单机节点及拥有的各种软件资源。

网络上的单机节点可分为网络服务器和客户机两类。网络服务器是实现整个网络服务功能的特殊节点，它能够对网络进行管理和为网络提供所需的服务，如安全审计、数据库、目录服务、授权服务等，对这类节点需要重点保护。客户机是网络上可被控制和管理的用户节点，它可以利用网络服务器访问网上资源，并与其他客户机协同工作和相互通信。

由单一网络定义的一个网络范围称为区域，将区域与外部网络发生信息交换的部分称为区域边界，即计算机网络边界，简称边界。边界是网络中的一个特殊部分，可以将其理解为一个实现特殊功能的网络。

边界的主要作用有两个。一是防止来自外部网络的攻击；二是对付来自内部的威胁。在区域内，某些恶意的内部人员有可能利用边界环境攻击网络，也可能开放后门或隐蔽通道来为外部攻击提供方便。

在区域边界上，可以严格控制信息进出，确保进入的信息不会影响到区域内资源的安全，而出去的信息是经过合法授权的。

对于安全要求很高的区域，要采取深度保卫策略，使区域边界能够保护内部的单机节点环境，控制外部用户的非授权访问，同时控制内部恶意用户从区域内发起攻击。根据所要保护信息资源的敏感级别及潜在的内外威胁，可将边界分为不同的层次，实行多级保护。

（二）网络和基础设施

网络和基础设施包括了各种用于联网的网络、网络组件及其他重要组件等。其主要涉及局域网组件、广域网组件、网络管理组件、网络服务组件和网络安全组件。其中还包括在单机节点间（如路由器、交换机）传递信息的传输部件（如卫星、微波、光纤等），以及其他重要的网络基础设施组件、域名和目录服务组件等。

（三）支撑基础设施

支撑基础设施是指能使 IA 机制可用的一个基础平台。这个 IA 机制是为整个网络提供安全服务和进行安全管理的，其安全服务的对象主要是终端用户、Web 服务、数据库应用、文件、DNS 服务和目录服务等。一个完整的网络安全框架，如图 1-2-5 所示。

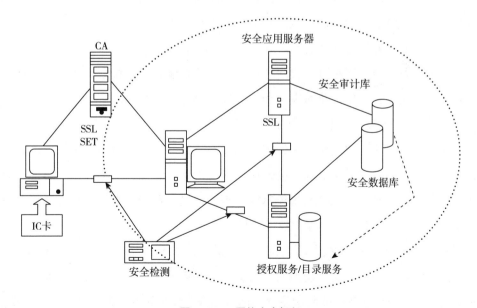

图 1-2-5　网络安全框架

在信息安全保证技术框架中，提出了两个方面的支撑基础设施。一是 KMI/PKI（Key Management Infrastructure/Public Key Infrastructure，密钥管理构架 / 公钥构架），它提供了一个公钥证书及传统对称密钥的产生、分发及管理的统一过程；二是检测及响应基础设施，它提供对入侵的快速检测和响应，包括入侵检测、监控软件等。

（四）WPDRRC 安全模型

WPDRRC 安全模型是我国"863"信息安全专家组推出的适合中国国情的信息系统安全保障体系建设模型。WPDRRC 模型是在 PDRR 基础上改进的，它在 PDRR 前后增加了预警和反击功能。PDRR 把信息安全保障分为四个环节，并认为要保障信息安全就必须保护本地计算环境，保护网络边界，保护网络和基础设施，以及保护对外部网络的连接和支撑基础设施，而 WPDRRC 模型则把信息安全保障划分为预警（W）、保护（P）、检测（D）、响应（R）、恢复（R）和反击（C）六个环节。这六个环节能较好地反映出信息安全保障体系的预警能力、保护能力、检测能力、响应能力、恢复能力和反击能力。预警能力包括攻击发生前的预测能力和攻击发生后的告警能力两个方面。预测能力是指根据所掌握的系统脆弱性和当前的犯罪趋势来预测未来可能受到何种攻击和危害的能力。告警能力是指当威胁系统的攻击发生时能及时发现并发布警报的能力。

反击能力是指取证和打击攻击者的能力。这种能力要求整个系统能够快速提供被攻击的线索和依据，及时审查和处理攻击事件，及时获取被攻击的证据，并制定有效的反击策略和进行强有力的反击。在数字系统中，取证是比较困难的，要实现快速取证就必须发展相应的技术和开发相应的工具。目前，国际上已开始形成类似法医学的计算机取证学科，该学科不仅涉及取证、证据保全、举证、起诉和反击等技术研究，还涉及媒体修复、媒体恢复、数据检查、完整性分析、系统分析、密码分析破译和追踪等技术工具的研发。

WPDRRC 模型中的六个环节具有较强的时序性和动态性，它是一种典型的信息安全保障框架。事实已经表明，信息安全保障不单单是一个技术问题，它是涉及人、政策和技术在内的复杂系统。通常称人、政策和技术为信息安全三要素，这三种要素具有较强的层次性，人是核心，属最底层，技术是最高层，而政策属中间层，但是，技术必须通过人和相应的政策去操纵才能发挥作用。这里所提的技术不是指单一技术，而是指整个支持信息系统安全应用的安全技术体系，该技术体系包括密码技术、安全体系结构、安全协议、安全芯片、监控管理、攻击和评测技术等内容。

其中，密码技术理论是整个安全技术体系的核心，安全体系结构是基础，安全协议是纽带，安全芯片是关键，监控管理是保障，攻击和评测的理论与实践是考验。

第三节　信息安全的技术环境

一、环境安全

环境安全（Environmental safety）是指对系统所处环境的安全保护。例如，设备的运行环境需要适当的温度和湿度、尽可能少的烟雾、不间断的电源保证等。计算机系统硬件由电子设备、机电设备和磁光材料组成。这些设备的可靠性和安全性与环境条件密切相关。如果环境条件不能满足设备对环境的使用要求，物理设备的可靠性和安全性将会降低，在轻的情况下会造成数据或程序的错误和损坏，在重的情况下会加速部件的老化，缩短机器的使用寿命，或者由于故障使系统不能正常运行，在严重的情况下也会危及设备和人员的安全。

（一）机房安全等级

计算机系统中的各种数据可以根据其重要性和机密性分为不同的级别，并且需要提供不同级别的保护。如果高级数据受到较低级别的保护、将导致不必要的损失，或者为不重要的信息提供冗余保护，造成浪费。因此，机房的安全管理应规定不同的安全级别。根据国标《计算站场所安全要求》，计算机机房的安全等级分为三级：A级要求具有最高安全性和可靠性的机房；C级则是为确保系统作一般运行而要求的最低限度安全性、可靠性的机房；介于A级和C级之间的则是B级。

（二）机房环境基本要求

1. 温度、湿度

计算机机房内温度、湿度应满足下列要求。

（1）开机时计算机机房内的温度、湿度要求，应符合表 1-3-1 的规定。

表 1-3-1 开机时计算机机房的温度、湿度要求

	A 级		B 级
	夏季	冬季	全年
温度 /℃	23±2	20±2	18～28
相对湿度	45%～65%		40%～70%
温度变化率	<5 ℃ /h 并不结露		<10 ℃ /h 并不结露

（2）停机时计算机机房内的温度、湿度要求，应符合表 1-3-2 的规定。

表 1-3-2 停机时计算机机房的温度、湿度要求

	A 级	B 级
温度 /℃	5～35	5～35
相对湿度	40%～70%	20%～80%
温度变化率	<5 ℃ /h 并不结露	<10 ℃ /h 并不结露

2. 噪声、电磁干扰、振动、静电及灯光

（1）主机房内的噪声，在计算机系统停机条件下，在主操作员位置测量应小于 68 dB（A）。

（2）主机房内无线电干扰场强，在频率为 0.15～1000 MHz 时，不应大于 126 dB。

（3）主机房内磁场干扰环境场强不应大于 800 A/m。

（4）在计算机系统停机条件下，主机房地板表面垂直以及水平方向的振动加速度值，不应大于 500 mm/s²。

（5）主机房地面及工作台面的静电泄漏电阻，应符合国家标准《计算机机房用活动地板技术条件》的规定。

（6）主机房内绝缘体的静电电位不应大于 1 kV。

（7）主机房在离地 0.8 m 处的照度不应低于 300 lx，基本工作间在离地

0.8 m 处的照度不应低于 200 lx，其他房间则依照现行国家标准《建筑照明设计标准》执行。

（8）主机房为保证计算机设备的安全和工作人员的安全，必须依照现行国家标准《国家电子计算机场地通用规范》部署接地装置，防雷接地装置应遵循现行国家标准《建筑防雷设计规范》。

3. 机房电源

为保障计算机系统的正常工作，必须保证电源的稳定和供电的正常，因此，电源的安全和保护问题不容忽视，供电应采取以下措施：

（1）设置多条供电线路，以防止线路出现问题后导致系统运行中断。

（2）对一些重要的设备配备不间断电源（UPS），以保证正常运转，还要制订不间断电源异常的应急计划。对不间断电源要定时检查储存的电量，并按照规定定期检测不间断电源。

（3）在机房中要配备备用发电机来应对长时间的断电，此外还要准备充足的燃料以支持发电机长时间发电，同时，还要定期对备用发电机进行检测及维护。

（4）机房用电负荷登记及供电要求应符合国家标准《供配电系统设计规范》要求，供电系统还要考虑预留备用容量，而且机房应由专用的电力变压器供电，供电电源技术应符合现行国家标准《国家电子计算机场地通用规范》。

（5）机房内其他设备不能由主机电源和不间断电源系统供电，从电源线到计算机电源系统的分电盘使用的电缆，除应符合现行国家标准《电气装置安装工程施工及验收规范》之外，载流量还要减少 50%。

（6）机房电源进线应按照现行国家标准《建筑防雷设计规范》采取防雷措施，且机房电源应采用地下电缆进线。

（三）机房场地环境

1. 机房外部环境要求

机房的位置应基于计算机能否长期稳定、可靠、安全的工作，在选择外部环境时，应考虑环境安全、地质可靠性和场地抗电磁干扰；应避免强振动源和噪声源；应避免靠近高层建筑、低层建筑或水设备。

同时，我们应该尽最大努力选择水电充足、环境清洁、交通和通信便利的地方。对于安全部门信息系统的机房，机房内的信息射频也应确认不易被泄露和窃取。为了防止计算机硬件辐射造成的信息泄露，最好在机组中心区域建一个机房。

2. 机房内部环境要求

（1）机房应拥有专用和独立的房间。

（2）经常使用的进出口应限于一处，以便于出入管理。

（3）机房内应留有必要的空间，其目的是确保灾害发生时人员和设备的撤离和维护。

（4）为了保证人员安全，机房应该设置应急照明设备和安全出口标志。

（5）机房应设在建筑物的最内层，而辅助区、工作区和办公用房应设在其外围。A级、B级安全机房应符合这样的布局，C级安全机房则不做要求。

（6）主机房的净高应以机房面积大小而定。计算机机房地板必须满足计算机设备的承重要求。

二、设备安全

广义而言，设备安全包括物理设备防盗、防止自然灾害或设备本身造成的损坏、防止电磁信息辐射造成的信息泄露、防止线路侦听造成的信息破坏和篡改、防止电磁干扰和电源保护等措施。狭义的设备安全是指使用物理手段来确保计算机系统或网络系统安全的各种技术。

（一）访问控制技术

访问控制的对象包括计算机系统的软件和数据资源，它们通常以文件的形式存储在硬盘或其他存储介质上。所谓访问控制技术是指保护这些文件免受非法访问的技术。

1. 智能卡技术

智能卡也被称为智能液晶卡，卡中的集成电路包括中央处理单元、可编程只读存储器、随机存取存储器和固化在只读存储器中的卡内操作系统。卡中的数据分为外部读取和内部处理，以确保卡中数据的安全性和可靠性。智能卡可以用作识别、加密/解密和支付工具。持卡人的信息记录在磁卡上，通常在读卡器读取磁卡信息后，持卡人还需要输入密码来确认持卡人的身份。如果此卡丢失，提货人不能通过此卡进入受限系统。

2. 生物特征认证技术

人体生物特征具有"人人不同，终身不变，随身携带"的特点，利用生物特征或行为特征可以对个人的身份进行识别。因为生物特征指的是人本身、没有什么比这种认证方法更安全和方便的了。生物特征包括手形、指纹、脸形、虹膜、视网膜和其他行为特征如签名、声音和按键强度等。基于这些特点，人们开发了多种生物识别技术，如指纹识别、人脸识别、语音识别、虹膜识别、手写识别等。基于生物特征的识别设备可以测量和识别人的特定生理特征，如指纹、手印、声音、笔迹或视网膜等。这种设备通常用于极其重要的安全场合，以严格和仔细地识别个人。

（1）指纹识别技术

指纹是手部皮肤表面隆起和凹陷的标志，是最早和最广为人知的生物认证特征。每个人都有独特的指纹图像。指纹识别系统将某人的指纹图像存储在系统中。当这个人想要进入系统时，他需要提供指纹，将指纹与存储在系统中的指纹进行比较和匹配，然后进入系统。

（2）手印识别技术

手印识别是通过记录每个人手上静脉和动脉的形状、大小和分布来实现的。指纹识别器需要收集整只手的图像，而不仅仅是手指。识别时，需要将整个手压在指纹读取装置上。只有与存储在系统中的指纹图像匹配，才能进入系统。

（3）声音识别技术

人们说话时使用的器官包括舌头、牙齿、喉咙、肺、鼻腔等。因为每个人的器官在大小和形状上都有很大的不同，所以声音是不同的，这就是为什么人们可以区分声音。虽然模仿别人的声音听起来可能和普通人非常相似，但是如果用语音识别技术进行识别，会发现其中存在很大的差异。因此，不管模仿声音有多相似，它们都是可以区分的。声音就像一个人的指纹，有其独特性。换句话说，每个人的声音都略有不同，没有两个人的声音是一样的。常常采用某个人的短语发音进行识别。目前，语音识别技术已经商业化，但是当一个人的语音发生很大变化时，语音识别器可能会产生错误。

（4）笔迹识别技术

不同人的笔迹是有很大区别的。人们的笔迹来自长期的写作训练，由于不同的人有不同的书写习惯，字符的旋转、连接、打开和关闭都有很大的差异，最终导致整个字体的巨大差异。一般来说，模仿者只能模仿文字的外形。因为他们不能准确理解原始人的书写习惯，所以在比较笔迹时会发现有很大的差异。笔迹也是一个人的独特之处。计算机笔迹识别利用了笔迹的独特性和差异性。

手写识别技术首先要求摄像机设备记录手写特征，然后输入计算机进行特征提取和特征比较。分析一个人的笔迹不仅包括字母和符号的组合，还包括细微的差异。例如，施加在书写的某些部分上的力的大小，或者笔接触纸张的时间长度和笔移动的停顿。

（5）视网膜识别技术

视网膜是一种极其稳定的生物特征，可用作身份认证，是一种高度精确的识别技术，但很难使用。视网膜识别技术使用扫描仪上的激光照射眼球背面，扫描并捕捉数百个视网膜特征点，经过数字处理后形成记忆模板，并存储在数据库中，供以后比较和验证。由于每个人的视网膜互不相同，这种方法可以用来区分每个人。这种技术很少使用，因为担心扫描设备故障会伤害到人的眼睛。

3. 检测监视系统

检测与监控系统一般包括入侵检测系统、传感系统和监控系统。这里的入侵检测系统是指边界检测和报警系统，用于检测和报警未经授权的进入或企图进入。入侵检测系统应由专业人员持续操作，并由专业人员定期维护和测试。传感器系统将传感器分散在不易察觉的地方，但一旦损坏，却很容易找到。传感器系统可以检测设备周围环境的变化，并能对超出范围的情况发出警报。监控系统是一种辅助的安全控制手段，可以预防违法行为，为一些违法行为提供重要证据。监视器通常安装在房间的关键位置，为监视位置或设备提供全动态视频。相应的日期和时间必须记录在视频系统中。视频图像显示器必须安装在安全室，录像带必须在用完之前及时更换，更换的录像带必须存放在安全的地方一段时间。

（二）防复制技术

1. 电子"锁"

电子"锁"也称电子设备的"软件狗"。软件运行前要把这个小设备插入一个端口上，在运行过程中程序会向端口发送询问信号，如果"软件狗"给出响应信号，该程序继续执行下去，则说明该程序是合法的，可以运行；如果"软件狗"不给出响应信号，该程序中止执行，则说明该程序是不合法的，不能运行。当一台计算机上运行多个需要保护的软件时，就需要使用多个"软件狗"。运行时需要更换不同的"软件狗"，这给用户带来了不便。

2. 机器签名

机器签名（Machine signature）是将机器的唯一标识信息存储在计算机的内部芯片（如只读存储器）中，将软件与特定机器绑定，如果软件检测到它没有在特定机器上运行，则拒绝执行。为了防止跟踪和破解，计算机中还可以安装特殊的加密和解密芯片，密钥也封装在芯片中，该软件以加密形式分发。加密密钥应该与用户机器独有的密钥相同，这样可以确保一台机器上的软件不能在另一台机器上运行。这种方法的缺点是每次运行前必须解密软件，这将降低机器的运行速度。

（三）硬件防辐射技术

1.TEMPEST 标准

瞬态电磁脉冲发射监测技术（Transient Electromagnetic Pulse Emanation Surveillance Technology，TEMPEST）主要研究和解决计算机和外部设备工作时电磁辐射和传导造成的信息泄露问题。为了评估计算机设备辐射泄漏的严重程度和TEMPEST 设备的性能，有必要制定相应的评估标准。TEMPEST 标准一般包含关于计算机设备电磁泄漏极限的规定以及防止辐射泄漏的方法和设备。

2. 计算机设备的防泄漏措施

（1）屏蔽

屏蔽不但能防止电磁波外泄，而且还可以防止外部的电磁波对系统内设备的干扰，并且在一定条件下还可以起到防止"电磁炸弹""电磁计算机病毒"打击的作用。因此，还需要加强整个电子设备的屏蔽，如显示器、键盘、传输电缆、打印机等的整体屏蔽。本地电路的屏蔽用于本地设备，如有源设备、中央处理单元、存储芯片、字库、传输线等。符合 TEMPEST 保护标准的计算机在结构、机箱、键盘和显示器上与普通计算机有很大不同。

（2）隔离和合理布局

物理隔离是隔离有害的攻击，在保证可信网络内部信息不外泄的前提下，可在可信网络之外完成网络间数据的安全交换。物理隔离有以下三个安全要求。

①内部和外部网络是物理隔离的，以确保外部网络不会通过网络连接侵入内部网，同时防止内部网信息通过网络连接泄露到外部网络。

②内部网络和外部网络通过物理辐射相互隔离，以确保内部网络信息不会通过电磁辐射或耦合泄露到外部网络。

③这两个网络环境在物理存储上相互分离。对于断电后丢失信息的组件。如内存和处理器等临时存储组件，应在网络转换期间清除它们，以防止剩余信息离开网络。对于断电的无损设备，如磁带机、硬盘和其他存储设备，内部网和外部网信息应分开存储。

（3）滤波

滤波是抑制传导泄漏的主要方法之一。在电源线或信号线上安装合适的滤波器可以阻断传导泄漏路径，从而大大抑制传导泄漏。

（4）接地和搭接

接地和搭接也是抑制传导泄漏的有效方法。良好的接地和搭接可以为杂散电磁能量提供低电阻接地回路，从而在一定程度上分流掉可能通过电力和信号线传输的杂散电磁能量。该方法结合屏蔽、滤波等技术，可以事半功倍，抑制电子设备的电磁泄漏。

（5）使用干扰器

干扰器是一种能辐射电磁噪声的电子仪器。它通过增加电磁噪声来降低因辐射泄露信息的整体信噪比，并增加了辐射信息被截获后的破解和恢复难度，从而达到"掩盖"真实信息的目的。其保护的可靠性相对较差，因为设备辐射的信息量没有减少。原则上，有用的信息仍然可以通过使用适当的信息处理方法来恢复，只是恢复的难度相对增加。这是一种成本相对较低的保护方法，主要用于保护安全性较低的信息。此外，干扰器的使用也会增加周围环境的电磁污染，对电磁兼容性差的其他电子信息设备的正常运行构成一定的威胁。因此，干扰机只能作为紧急措施使用。

（6）配置低辐射设备

配置低辐射设备就是针对设计和生产计算机时可能产生电磁辐射的组件、集成电路、连接线、显示器和其他组件采取辐射防护措施，以最大限度地减少电磁辐射。使用低辐射计算机设备是防止计算机电磁辐射泄漏的基本保护措施。当与屏蔽方法结合使用时，它可以有效地保护绝密信息。例如，可以使用低辐射的液晶显示器来代替高辐射的阴极射线管显示器。

（7）TEMPEST 测试技术

TEMPEST 测试技术是用来检查电子设备是否符合 TEMPEST 标准的。测试内容不限于电磁反射的强度，还包括传输信号内容的分析和识别。TEMPEST 技术标准是保密信息系统认证的基础，也是建立保密信息系统评估体系的前提。它的制定比其他标准更严格，可以具体指导保护工作。由于 TEMPEST 技术的特殊性，国外对其 TEMPEST 技术标准严格保密。

（四）通信线路安全技术

如果所有系统都固定在一个封闭的环境中，并且连接到系统的所有网络和终端都在这个封闭的环境中，那么通信线路是安全的。然而，通信网络产业的快速发展使上述假设不可能成立，因此，当系统的通信线路暴露在非封闭的环境中时，问题就会随之而来。虽然从网络通信线路提取信息所需的技术比从终端通信线路获取数据所需的技术高几个数量级，但是这种威胁总是存在的，并且这种问题也可能发生在网络连接设备上。

通信的物理安全性可以通过用一种简单但非常昂贵的新技术——对电缆加压来实现，这种新技术是为美国电话的安全性而开发的。通信电缆用塑料密封，深埋地下，两端加压，并连接到带有报警器的显示器上测量压力。如果压力下降，这意味着电缆可能被损坏，要派维修人员去修理故障电缆。

光纤通信线路曾经被认为是不被窃听的，因为它们的断裂或损坏会被立即检测到。光纤中没有电磁辐射，因此没有电磁感应盗窃的可能性。然而，光纤的最大长度是有限的，超过最大长度的光纤系统必须周期性地放大信号。这需要将信号转换成光脉冲，光脉冲继续通过另一条线路传输。完成这一操作的设备是光纤通信系统安全中的薄弱环节，因为信号可能在这一环节被窃听。有两种方法可以解决这个问题：一是不要在距离超过最大长度限制的系统之间使用光纤通信，二是增强复制器的安全性。

三、人员安全

由于人为威胁的主动性和不可预测性，为了应对人为威胁，不同的人员往往受到不同的管理。

（一）外来人员管理

计算机机房作为一个机要的地方不允许未经批准的人进入，对外来人员应采取以下措施。

（1）外来人员应签发临时证件，并在核实身份和目的后允许进入机房。外来人员必须在机房内佩戴临时证件，离开时交回。

（2）禁止外来人员将危险品带入机房。携带非法物品时，必须征得主管部门领导同意后方可携带。

（3）对于外来人员，应做好相关记录，记录姓名、性别、单位、电话号码、身份证号码、出入机房时间等，供以后验证。

（4）未经批准，禁止在机房内拍照和录像。

（二）工作人员管理

有关调查显示，大部分的计算机犯罪是由内部员工所为，所以对内部工作人员也要采取一定的管理措施。

（1）机房应采用分区管理制度，针对每个工作人员的实际工作需要确定其权限，权限不同进入的区域也不同，无权限者若要进入，必须经过相关领导的批准。

（2）对机房的工作人员发放身份标志物作为进出机房的识别，并且对跨区域访问者做好进出记录。

（3）禁止携带危险品进入机房，且携带物品时，应由保卫人员进行检查，此外，必须携带违规物品时，必须经由有关领导批准。

（4）禁止将身份标志物借与他人，如若丢失，则要及时上报并补办；未经允许，禁止带领外来人员进入。

（5）为保障机房环境及设备正常运转，未经批准不得私自改动或移动机房内的电源、服务器、路由器等设备。

（6）未经批准，不能使用照相机、录像机、录音笔或其他存储记录仪器。

（7）对重要信息和关键设备要采用双人工作制，且所有的进出及设备操作都要做好记录，并交由相关部门妥善保存。

（8）定时检查工作人员的进入权限，当发现由于工作需要要变更工作人员权限时，必须及时更新权限。

（三）保卫人员管理

为了保证系统安全，重要的安全区域都要安排保卫人员，保卫人员应遵循以下规则。

（1）检查、记录和报告擅自离开机房、安全区或建筑物的人员，确认安全后方可离开。

（2）应经常检查安全区的入口点以及未授权的入口点，并在确认安全后允许离开。

（3）定期检查是否存在安全隐患，定期检查和维护监控设备、消防设备和供电设备，确保所有设备能够正常运行。

（4）检查严格限制区域是否安全，并及时记录和报告可疑人员或活动及其他异常行为。

第四节　信息系统的物理安全

一、自然灾害威胁

自然灾害是大多数威胁中破坏力最大的，通过对不同类型的自然灾害进行风险评估并采取合适的预警，可以防止由自然灾害造成的重大损失。表 1-4-1 中列出了六种类型的自然灾害，标明了每种灾害预告的可能性、是否需要转移及转移的可行性以及各类自然灾害的持续时间。

表 1-4-1　自然灾害的特征

自然灾害	预告	转移	持续时间
龙卷风	可能提前预告，地点不确定 不需要转移	可能需要转移	很短但很强烈
飓风	提前预告	可能需要转移	几小时到几天
地震	没有预告	没办法转移	持续时间短，但震后仍有威胁
冰暴／暴风雪	可能有预告	可能没法转移	可以持续几天
雷电	探测器可以提前几分钟预告	可能需要转移	时间短但可复发
洪水	通常提前预告	需要转移	要被隔绝几小时到几天

二、工作环境威胁

工作环境的威胁可能中断信息系统的服务或者损坏其中存储的数据，在野外可能会对公共设施造成区域性的破坏。这类威胁一般表现为以下几个方面。

（一）不正常的温度和湿度

计算机信息系统的相关设备必须工作在一定的温度范围内。大多数设备都设计在 10～32 ℃运行，在这个范围之外，系统可以继续运行但是可能会产生不可预料的后果。如果相关设备周围的温度升得太高，又缺乏相应的散热能力，那么内部的组件就会被烧坏。如果温度太低，当打开电源的时候，设备不能承受热冲击，就会导致集成电路板破裂。

另一个温度威胁是来自设备的内部温度，它可能比室内或设备周围环境的温度高出很多。计算机信息系统的相关设备都有自己的散热方式，但它们会受到外部条件的影响。例如，不正常的外部温度，电力供应中断，通风、空气调节服务的中断以及通风口的阻塞，等等。潮湿也会给电气电子设备造成威胁：设备长期暴露在潮湿的环境下易遭受腐蚀并出现冷凝，冷凝能影响磁性和光学存储介质，还会造成线路短路，从而导致集成板损坏；潮湿也会产生电流化学效应，导致整个设备内部器件的性质发生变化，影响设备的运行及使用。干燥是很容易被忽视的环境威胁。在长期的干燥环境下，某些材料可能发生形变，从而影响其性能。

同样，静电也会带来一系列问题。即使是 10 V 以下的静电也能损坏部分敏感的电子线路，如果达到数百伏的静电，那就能对各种电子线路产生很大的损坏。因为人体的静电能够达到几千伏，所以这是一个不容忽视的威胁。

（二）环境安全

环境安全是对系统所在环境的安全保护，如区域保护和灾难保护等。计算机网络通信系统的运行环境应按照国家有关标准设计实施，应具备消防报警、安全照明、不间断供电、温湿度控制系统和防盗报警等，以保护系统免受水、火、有害气体、地震、静电等的危害。

（三）灰尘、有害生物

灰尘非常普遍但却经常被忽略。尽管大部分设备都具有一定的防尘功能，但是纸和纺织品中的纤维却会对设备造成一定的磨损和具有轻微导电作用。具有通风散热部件的设备，是最容易受到灰尘影响的，如旋转的存储介质和计算机的风扇。灰尘容易堵住通风设备的通风口从而降低散热器的散热能力。有害生物也是容易被忽略的威胁，包括真菌、昆虫和啮齿类动物等。潮湿引起菌类生长导致设备发霉，这对人员和设备都有巨大的危害。此外，昆虫和啮齿类动物容易咬坏基础设施，如纸张、桌椅、电线等。

（四）电源系统安全

电源在信息系统中起着重要的作用，主要包括电源、输电线路安全，维护电源稳定等。

（五）设备安全

为了确保硬件设备随时都处于良好的工作状态，应该要建立健全的使用管理规章制度，并完善运行日志的记录工作。

（六）媒体安全

媒体安全包括媒体数据的安全和媒体本身的安全。媒体本身的安全性主要是防止盗窃、破坏和病毒；数据安全是指防止数据被非法复制和销毁。

（七）通信线路安全

通信设备和通信线路的安装应稳定可靠，具有一定的抵抗自然因素和人为因素破坏的能力，包括防止电磁泄漏、线路拦截和抗电磁干扰。具体来说，物理安全包括：机房场地、环境和各种因素对计算机设备的影响；机房安全技术要求；计算机的实体访问控制；计算机设备和现场防火防水；计算机系统的静电保护；计算机设备、软件和数据的防盗和防损坏措施；与计算机中重要信息的磁介质的处理、存储和处理程序有关的问题。

三、技术威胁

技术威胁主要包括电磁、声光等因素造成的系统信息泄露等威胁，这类威胁表现为通过设备的电力系统、电磁泄漏等方式进行系统信息窃取等类型的攻击。

（一）电力

电力对于一个信息系统的运行是必不可缺的，系统中的大部分电气设备都需要持续供电。电力威胁一般表现为电压过低、过高或噪声等形式。当供给信息系统设备的电压比正常工作的电压低时就发生欠电压现象。多数设备都可以在低于正常电压 20% 的低压环境下工作，而不会引起设备的运行或停机。但若电压继续降低，则设备就会因供电不足而关闭。一般情况下，电压过低不会导致设备损坏，但设备停机会导致整个信息系统的服务中断。电压过高会导致过电压现象，比欠电压更具有威胁。供电异常、一些内部线路错误或者电击都可能引起电压浪涌，其损坏程度与浪涌的持续时间、强度和浪涌电压保护器的效率有关。一个高强度的电压浪涌足以毁坏信息系统的设备，包括处理器和存储器。

（二）电磁干扰

电源线在传导电流的同时也会传导噪声信号，这些噪声信号若是和电子设备的内部信号相互影响，可能引起逻辑错误。在大多数情况下，都可以使用电源的滤波电路来消除这些噪声信号。还有一种电磁干扰，是来自附近的广播电台或各种天线发射的高强度信号，而低信号发射强度的设备，比如手机，也能干扰敏感的电子设备。

（三）TEMPEST 威胁

TEMPEST 的电磁泄漏是指电子设备中散射的电磁能量通过空间或导线向外扩散。它是时刻存在的，任何处于带点状态的电磁信息设备，如电话机、计算机、复印机、显示器等，都存在不同程度的电磁泄漏现象，这是由电磁的本质决定的，无法改变。TEMPEST 泄漏发射是指电磁设备中泄漏的电磁能量含有这些设备所处理的信息。TEMPEST 泄漏发射通常通过以下两种途径向外传播。

1. 辐射泄漏

换句话说，泄露的信息以电磁波的形式辐射出去。主要指设备内部产生的电磁辐射。这种辐射由计算机内部的各种传输线产生，甚至包括印刷电路板上的迹线、逻辑电路、信号处理电路、开关元件、显示器、电机及其驱动控制电路。

2. 传导泄漏

换句话说，泄露的信息是通过各种线路和金属管道进行的。机房电话线、计算机系统电源线、加热管、供水管和排水管、接地线等会变成导电介质，导致导电泄漏，传导泄漏通常伴随着辐射泄漏。

（四）其他信息设备的电磁泄漏

打印机、复印机、电话机和传真机等信息设备都是以串行的方式处理信息的，这些信息设备也能以传导泄漏的方式泄露信息。例如，电话机处理的是语音的模拟信号，它产生的电磁泄漏包含了非常直观的语音模拟信号，非常容易被接收后还原。电话机主要辐射源包含晶振、CPU 芯片、变压器、直流电源等功率比较大的器件。此外，如果有多条电话线，电话机泄漏的电磁信号可以耦合到别的电话线上，而且机密场所往往有多台电话机，这样容易威胁涉密信息的安全。

（五）红、黑设备电磁泄漏

红、黑设备的电磁泄漏又称为 HACK，这是来自美国的特殊术语，指与密码设备有关的电磁泄漏。密码设备，即执行加解密的硬件设备。通常将设备泄漏出去的含有电磁信息的信号分为黑信号和红信号，红信号是指容易泄露信息的信号。当使用加密设备时，必须考虑系统的互联。如果在与加密设备连接时不考虑信号耦合、红黑信号隔离和串扰路径，则红色信号可以使用黑色设备作为泄漏路径和载波。加密设备的电磁泄漏将导致加密算法完全失败，所有的安全努力都将被浪费，使得窃听者很容易获得期望的信息。

（六）设备的二次泄漏

接收和发送设备可以是次级电磁泄漏发射的载体。发射设备通常包括放大器和混频器，红色信号可以通过两种方式耦合到发射电路进行二次传输。第一种是因为红色信号的频率范围接近放大器的工作频率范围，所以红色信号在放大器级耦合，并由放大器直接放大和传输。第二种则是红信号频率比较低，可能会耦合在混频器一级，经混频器混频后再经放大器放大后发射出去。由于受到接收和发射设备中放大器的影响，会导致第二次电磁泄漏发射的强度超过第一次电磁泄漏发射的强度，增加了信息泄露的危险性。

（七）SOFT–TEMPEST 威胁

SOFT-TEMPEST 威胁由英国剑桥大学的两位学者提出，被称为"TEMPEST病毒"。攻击方法是预先在目标计算机中植入病毒程序。病毒可以窃取计算机中的数据，并通过信息设备有意产生的电磁波以隐藏的方式发送出去，然后使用专门的接收和恢复设备接收和恢复隐藏的数据。例如，由于人眼对图像上的颜色变化不敏感，通过一些图像处理方法，被盗信息可以隐藏在显示器上显示的图像中。当显示器显示图像时，被盗数据通过图像泄漏出去。这种方式不仅可以利用显示器来发送隐藏好的窃取数据，还可以利用计算机的其他硬件设备，比如利用数据总线或 CPU 等。SOFT-TEMPEST 非常适合窃取已经进行物理隔离的计算机上的信息。

（八）声光的泄漏威胁

1. 光的泄漏威胁

由于光的物理特性，计算机显示器发出的光线可以在很远的距离上接收到。而且光线可以通过墙面反射后，依然可以通过专门的设备接收后再现显示器所显示的信息。这种泄漏方式与电磁泄漏相似，随着目前设备的电磁环境越来越复杂，光信号所泄漏的数据更加容易接收和还原。

2. 声音的泄漏威胁

声音信号的泄漏导致信息泄露是最容易被人忽视的威胁，由信息设备的振动所导致的声音信号是信息泄露的一个重要途径。例如，利用点阵式打印机打印数据时击打打印纸张发出的声音信号，能够还原出所打印的数据。由于声波的衰减与距离成反比而电磁波的衰减与距离的三次方成反比，所以声波在传播过程中比电磁波衰减得慢，故声音信号的泄漏所造成的危害性在一定程度上讲，更甚于光泄漏和电磁泄漏。此外在美国有关的防护 TEMPEST 威胁的资料中，也要求降低点阵式打印机噪声。

四、人为的物理威胁

由于人为的物理威胁比其他种类的物理威胁更加难以预见，所以人为的物理威胁比环境威胁和技术威胁更加难以防范。此外，人为威胁是最容易攻破预防措施的，并且是寻找最脆弱的点来攻击，导致人为的威胁在物理安全方面一直是重中之重。人为的物理威胁包含以下几个方面。

（一）盗窃

这种威胁包含两种，一种是对信息系统设备的盗窃；另一种是对信息系统中的信息进行拷贝盗窃，偷听和搭线偷听也属于这种类型。盗窃可能发生在那些非法访问的外部人员或者内部人员的身上。

（二）误用

误用威胁包含两种方式：一种是授权的访问者不恰当地使用信息资源；另一种是未授权的访问者非法使用信息资源。

（三）故意破坏

故意破坏威胁就是对物理设备的破坏，从而导致数据的丢失或损坏。

（四）非授权的物理访问

通常信息系统，如网络设备、计算机、服务器和存储网络设备，一般都放置在特定的场所中，而进入这些地方往往需要一定的授权。非授权的物理访问是指没有经过授权而非法进入这些放置信息系统的场所。非授权的物理访问会经常导致人为威胁发生，如盗窃、故意破坏或误用。

（五）社会动荡或战争

社会动荡或战争种威胁不仅可以造成物理设备的损坏，甚至还会破坏建筑物，威胁工作人员的生命安全。这种威胁发生时，会导致整个安全管理出现疏漏，从而引发上述的威胁。此外更严重的是，这种威胁发生时甚至会导致整个信息系统被摧毁，而且在威胁发生时几乎无法抵抗。

第二章　计算机系统安全探究

本章讲述的是计算机系统安全探究，主要从以下几方面展开论述，分别为计算机硬件与环境安全、计算机操作系统安全和计算机安全软件工程三部分内容。

第一节　计算机硬件与环境安全

一、计算机硬件安全问题

目前的硬件安全问题主要体现为智能硬件安全，智能设备 IoT（Internet of Things，物联网）技术还处于起步阶段，与金融、电子商务等其他行业相比，安全性尚未得到充分理解和明确定义。开发一款 IoT 产品时，不论是像可穿戴设备这样的小型产品，还是像油田传感器网络或全球配送作业这样的大型 IoT 部署，从一开始就必须考虑到安全问题。要了解安全的问题所在，就需要了解 IoT 设备的攻击方法，通过研究攻击方法提高 IoT 产品的防御能力。

作为国内最早从事智能硬件安全攻防研究的团队，基于长期的智能硬件安全攻防实践，360 网络安全攻防实验室对智能硬件设备的安全隐患进行了系统的分析和梳理，总结了智能硬件设备存在的八大安全隐患。

（一）数据存储不安全

毫无疑问，移动设备用户面临的最大风险是设备丢失或被盗。任何捡到或偷盗设备的人都能得到存储在设备上的信息。这在很大程度上依赖设备上的应用为存储的数据提供何种保护。很多智能硬件手机客户端的开发者对于智能硬件的配置信息和控制信息都没有选择可靠的存储方式。可以通过调试接口直接读取到明文或者直接输出至 logcat（安卓系统中的一个命令行工具）中。用户身份认证凭证、会话令牌等，可以安全地存储在设备的信任域内，通过对移动设备的破解，即可达到劫持控制的目的。

（二）服务端控制措施部署不当

现有智能硬件的安全策略由于要降低对于服务端的性能损耗，在很多情况下把安全的规则部署在客户端，没有对所有客户端输入数据进行检查和标准化。使用正则表达式和其他机制来确保只有被允许的数据才能进入客户端应用程序。在设计时并没有实现让移动端和服务端支持一套共同的安全需求，可以通过将数据参数直接提交至云端，客户端 APK（安卓应用程序包）对参数过滤的限制，达到破解设备功能的目的。

（三）传输过程中没有加密

在智能硬件的使用过程中，存在连接开放 Wi-Fi 网络的情况，故应设计在此场景下的防护措施。我们列一个清单，确保所有清单内的应用数据在传输过程中得到保护（保护要确保机密性和完整性）。清单中应包括身份认证令牌、会话令牌和应用程序数据。确保传输和接收所有清单数据时使用 SSL/TLS 加密（See CFNetwork Programming Guide）。确保应用程序只接受经过验证的 SSL 证书（CA 链验证在测试环境是禁用的，确保应用程序在发布前已经删除这类测试代码）。通过动态测试来验证所有的清单数据在应用程序的操作中都得到充分保护。通过动态测试，确保伪造、自签名等方式生成的证书在任何情况下都不被应用程序接受。

（四）身份认证措施不当

授权和身份认证大部分由服务端进行控制，服务端会存在用户安全校验简单、设备识别码规律可循、设备间授权不严等安全问题。目前可以在分析出设备身份认证标识规律的情况下，如 MAC 地址（局域网地址）、SN 码（Serial Number，产品序列号）等都可以通过猜测、枚举的方式得到，从而批量控制大量设备。这个漏洞的危害在智能硬件里最大，因为它能够影响到全部的智能硬件。

（五）会话处理不当

有很多智能设备都会由于会话管理措施不当，造成能够通过会话劫持攻击，直接控制设备，达到设备被破解的程度，所以说永远不要使用设备唯一标示符（如UDID、IP、MAC 地址、IEME）来标示一个会话。保证令牌在设备丢失／被盗取、会话被截获时可以被迅速重置。务必保护好认证令牌的机密性和完整性（例如，只使用 SSL/TLS 来传输数据）。使用可信任的服务来生成会话。

（六）敏感数据泄露

对于智能设备的安全研究，可以通过智能设备所泄露出来的数据，进行进一步利用，从而获得控制权限。所以必须保证安全的东西都不放在移动设备上，最好将它们（如算法、专有／机密信息）存储在服务器端。如果安全信息必须存储在移动设备上，尽量将它们保存在进程内存中。如果一定要放在设备存储上，就要做好保护。不要硬编码或简单地存储密码、会话令牌等机密数据。在发布前，清理被编译进二进制数据中的敏感信息，因为编译后的可执行文件仍然可以被逆向破解。

计算机硬件及其运行环境是网络信息系统运行的最基本环境，它们的安全程度对网络信息的安全有重要的影响。由于自然灾害、设备自然损坏和环境干扰等自然因素，以及人为有意、无意地破坏与窃取等原因，计算机设备和其中信息的安全受到很大的威胁。

二、计算机环境安全问题

（一）环境对计算机的威胁

计算机的运行环境对计算机的影响非常大，环境影响因素主要有温度、湿度、灰尘、腐蚀、电气与电磁干扰等，这些因素从不同侧面影响计算机的可靠工作。计算机的电子元器件、芯片都密封在机箱中，有的芯片工作时表面温度相当高。一般电子元器件的工作温度范围是 0～45 ℃，当环境温度超过 60 ℃时，计算机系统就不能正常工作，温度每升高 10 ℃，电子元器件的可靠性就会降低 25%。元器件可靠性的降低无疑将影响计算机的正确运算，影响结果的正确性。

温度对磁介质的磁导率影响很大，温度过高或过低都会使磁导率降低，影响磁头读写的正确性。温度还会使磁带、磁盘表面热胀冷缩，造成数据的读写错误。温度过高会使插头、插座、计算机主板、各种信号线腐蚀的速度加快，容易造成接触不良。温度过高也会使显示器各线圈骨架的尺寸发生变化，使图像质量下降，温度过低会使绝缘材料变硬、变脆，使电流增大，使磁记录磁体性能变差，也会影响显示器的正常工作。计算机工作的环境温度最好是可调节的，一般控制在（21±3）℃。

环境的相对湿度若低于 40% 时，环境相对是干燥的；相对湿度若高于 60%时，环境相对是潮湿的。湿度过高或过低对计算机的可靠性与安全性均有影响。当相对湿度超过 65% 以后，就会在元器件的表面附着一层很薄的水膜，造成元器件各引脚之间漏电，甚至可能出现电弧现象。当水膜中含有杂质时，它们会附着在元器件引脚、导线、接头表面，造成这些表面发霉和触点腐蚀。磁性介质是多孔材料，在相对湿度高的情况下，它会吸收空气中的水分而变潮，使其磁导率发生明显变化，造成磁介质上的信息读写错误。

在高湿度的情况下，打印纸会吸潮变厚，也会影响正常的打印操作。当相对湿度低于 20% 时，空气相当干燥，这种情况下极易产生很高的静电（实验测量可达 10 kV），如果这时有人去碰 MOS（场效应管）器件，会造成这些器件的击穿或产生误动作。过分干燥的空气也会破坏磁介质上的信息，使纸张变脆、印刷电路板变形。如果对计算机运行环境没有任何控制，温度与湿度高低交替大幅度变化，会加速对计算机中的各种器件的材料腐蚀与破坏，严重影响了计算机的正常运行与寿命。计算机正常的工作湿度应该是 40%～60%。空气中的灰尘对计算机中的精密机械装置，如磁盘、光盘驱动器影响很大，磁盘机与光盘机的读头与盘片之间的距离很小，不到 1 μm。在高速旋转的过程中，各种灰尘，其中包括纤维性灰尘，会附着在盘片表面。当读头靠近盘片表面读信号的时候，由于附着灰尘，可能会擦伤盘片表面或者磨损读头，造成数据读写错误或数据丢失。放在无防尘措施的空气中，平滑的光盘表面经常会带有许多看不见的灰尘，如果用干净的布稍微用点力去擦抹，就会在盘面上形成一道道划痕。如果灰尘中还包括导电尘埃和腐蚀性尘埃的话，它们会附着在元器件与电子线路的表面，此时若机房空气湿度较大，就会造成短路或腐蚀裸露的金属表面。灰尘在器件表面的堆积会降低器件的散热能力。因此，对进入机房的新鲜空气应进行一次或两次过滤，采取严格的机房卫生制度，降低机房灰尘含量。

电气与电磁干扰是指电网电压和计算机内外的电磁场引起的干扰。常见的电气干扰是指电压瞬间较大幅度的变化、突发的尖脉冲或电压不足甚至掉电。例如，当在计算机房内使用较大功率的吸尘器、电钻或机房外使用电锯、电焊机等用电量大的设备时，容易在附近的计算机电源中产生电气噪声信号干扰。这些干扰一般容易破坏信息的完整性，有时还会损坏计算机设备。防止电气干扰的办法是采用稳压电源或不间断电源。为了防止突发的电源尖脉冲，对电源还要增加滤波和隔离措施。

对计算机正常运转影响较大的电磁干扰是静电干扰和周边环境的强电磁场干扰。由于计算机中的芯片大部分都是 MOS 器件，静电电压过高会破坏这些 MOS 器件。防静电的主要方法有：机房应该按防静电要求装修（如使用防静电地板），整个机房应该有一个独立的和良好的接地系统，机房中各种电气和用电设备都接在统一的地线上。周边环境的强电磁场干扰主要指可能的无线电发射装置、微波线路、高压线路、电气化铁路、大型电机、高频设备等产生的强电磁干扰。这些强电磁干扰轻则会使计算机工作不稳定，重则会对计算机造成损坏。

（二）环境干扰防护

计算机系统的实体是由电子设备、机电设备和光磁材料组成的复杂系统，这些设备的可靠性、安全性与环境条件有密切的关系。如果环境条件不能满足设备的使用要求，就会降低计算机的可靠性和安全性，轻则造成数据或程序出错、破坏，重则会加速元器件老化，缩短机器寿命或发生故障使系统不能正常运行，甚至还会危害设备和人员的安全。实践表明，有些计算机系统不稳定或经常出错，除了机器本身的原因之外，机房环境也是一个重要因素。因此，充分认识机房环境的作用和影响，找出解决问题的办法并付诸实施十分重要。下面介绍对机房环境的基本要求。

机房的温度一般应控制在（21±3）℃，湿度保持在40%～60%之间。洁净度主要是指悬浮在空气中的灰尘与有害气体的含量。灰尘的直径一般为25～60 μm。

需要制定合理的清洁卫生制度，禁止在机房内吸烟、吃东西、乱扔瓜果纸屑。机房内严禁存放腐蚀物质，以防计算机设备受大气腐蚀、电化腐蚀或直接被氧化、腐蚀、生锈及损坏。在机房内要禁止存放食物，以防老鼠或其他昆虫损坏电源线和记录介质及设备。在设计和建造机房时，必须考虑到振动、冲击的影响，如机房附近应尽量避免振源、冲击源，当存在一些振动较强的设备，如大型锻压设备和冲床时应采取减振措施。

机房设计还需要减少各种干扰。干扰的来源有三个方面：噪声干扰、电气干扰和电磁干扰。一般而言，微型计算机房内的噪声一般应小于 65 dB。防止电气干扰的根本办法是采用稳定的、可靠的电源，并加滤波和隔离措施。抑制电磁干扰的方法有两种：一是采用屏蔽技术，二是采用接地技术。

（三）机房安全

为了确保计算机硬件和计算机中信息的安全，保证机房安全是重要的因素。下面将讨论有关机房的安全问题，先讨论机房的安全等级，然后讨论机房对场地环境的要求。

1. 机房安全等级

计算机系统中的各种数据依据其重要性和保密性，可以划分为不同等级，需要提供不同级别的保护。对于高等级数据采取低水平的保护，会造成不应有的损失，对不重要的信息提供多余的保护，又会造成不应有的浪费。因此，应对计算机机房规定不同的安全等级。计算机机房的安全等级可以分为 3 级：A 级要求具有最高安全性和可靠性的机房；C 级则是为确保系统的一般运行而要求的最低限度的安全性、可靠性的机房；介于 A 级和 C 级之间的则是 B 级。

应该根据所处理的信息及运用场合的重要程度来选择适合本系统特点的相应安全等级的机房，而不应该要求一个机房内的所有设施都达到某一安全级别的所有要求，可以按不同级别的要求建设机房。

2. 机房对场地环境的要求

（1）机房的外部环境要求

机房场地的选择应以能否保证计算机长期稳定、可靠、安全地工作为主要目标。在外部环境的选择上，应考虑环境的安全性、地质的可靠性、场地的抗电磁干扰性，应避开强振动源和强噪声源，应避免设在建筑物的高层及用水设备的下层或隔壁。

同时，应尽量选择电力、水源充足，环境清洁，交通和通信方便的地方。对于机要部门信息系统的机房，还应考虑机房中的信息射频不易泄漏和被窃取。为了防止计算机硬件辐射造成信息泄露，机房最好建设在单位的中央地区。

（2）机房内部环境要求

①机房应为专用和独立的房间。

②经常使用的进出口应限于一处，以便于出入管理。

③机房内应留有必要的空间，其目的是确保灾害发生时人员和设备的安全撤离和维护。

④机房应设在建筑物的最内层，而辅助区、工作区和办公用房设在其外围。A、B级安全机房应符合这样的布局，C级安全机房则不做要求。

计算机硬件和其他网络设备是网络信息系统的一个重要安全层次，硬件本身的任何故障都将使网络信息系统不能正常运行。为了保障硬件的正常运行，除了硬件本身的质量问题外，网络系统中各种硬件运行环境的安全保障条件是重要因素，因此需要十分重视机房的安全问题。硬件辐射泄漏是一个很重要的安全问题，不能认为在计算机屏幕旁边安置一个屏幕信号干扰机就可以完全扰乱屏幕辐射出来的信息，还应该进行实地测量，检测干扰效果。网络信息系统中最宝贵的资源是用户的数据资源和用户信息系统的专用软件，只要把这些资源保存好（利用各种备份手段），即使硬件被毁，在灾难之后仍然可以迅速恢复网络信息系统的正常运行。

（3）机房面积要求

机房面积的大小与需要安装的设备有关，另外还要考虑人在其中工作是否舒适。通常有两种估算方法。一种是按机房内设备总面积 M 估算机房面积（m²），计算公式为：

$$机房面积 = （5 \sim 7）M$$

这里的设备总面积是指设备的最大外形尺寸，要把所有的设备包括在内，如所有的计算机、网络设备、I/O 设备、电源设备、资料柜、耗材柜、空调设备等。系数 5~7 是根据我国现有机房的实际使用面积与设备所占面积之间关系的统计数据确定的，实际应用时肯定要受到本单位具体情况的限制。第二种方法是根据机房内设备的总台数进行机房面积（m²）的估算。设备的总台数为 K，则估算公式为：

$$机房面积 = (4.5\sim5.5)\,K$$

在这种计算方法中，估算的准确与否和各种设备的尺寸是否大致相同有密切关系，一般的参考标准是将台式计算机的尺寸作为一台设备进行估算。如果一台设备占地面积太大，最好把它按两台或多台台式计算机去计算，这样可能更准确。系数 4.5～5.5 也是根据我国具体情况的统计参数。

按照国家"计算机中心（站）场地技术要求"，工作间、辅助间与机房所占面积应有合适的比例，其他各类用房依据人员和设备的多少而定。通常，办公室、用户工作室、终端室按每人 3.5～4.5 m² 进行计算。在此基础上，再考虑 15%～30% 的备用面积，以便适应今后发展的需要。

第二节　计算机操作系统安全

一、计算机网络操作系统

网络操作系统（Network Operating System，NOS），是网络的心脏和灵魂，是给网络计算机提供网络通信和网络资源共享功能的操作系统，它是负责管理整个网络资源和方便网络用户软件的集合。由于网络操作系统是运行在服务器之上的，所以有时我们也把它称之为服务器操作系统。

网络操作系统与运行在工作站上的单用户操作系统（如 Windows 98 等）由于提供的服务类型不同而有差别。一般情况下，网络操作系统是以使网络相关特性最佳为目的的，如共享数据文件、软件应用以及共享硬盘、打印机、调制解调器、扫描仪和传真机等；而一般操作系统，如 DOS 和 OS/2 等，其目的是让用户与系统及在此操作系统上运行的各种应用之间的交互最佳。

网络操作系统的安全性在计算机信息系统安全性中具有至关重要的作用，没有它的安全性、信息系统的安全性是没有基础的，目前常见的网络服务器操作系统有：UNIX、Linux 和 Windows NT/2000/2003 Server，这些操作系统都是符合 C2 级安全级别的操作系统、但都存在不少的安全漏洞，对这些安全漏洞我们有必要进行认真的了解、并采取相应的措施，否则将导致操作系统完全暴露给入侵者，进而使整个信息系统完全暴露给入侵者。

（一）UNIX 操作系统

UNIX 操作系统是一个强大的多用户、多任务操作系统，支持多种处理器架构，最早由肯尼斯·蓝·汤普森、丹尼斯·麦卡利斯泰尔·里奇和道格拉斯·麦克罗伊于 1969 年在 AT&T 的贝尔实验室开发。经过长期的发展和完善使得 UNIX 操作系统具有技术成熟、可靠性高、网络和数据库功能强、伸缩性突出及开放性好等特色，可满足各行各业的实际需要，特别能满足企业重要业务的需要，目前已发展成为一种主流的网络操作系统。

肯尼斯和丹尼斯最早是在贝尔实验室开发 UNIX 的，此后的 10 年，UNIX 在学术机构和大型企业中得到了广泛的应用，当时的 UNIX 拥有者 AT&T 公司以低廉甚至免费的许可将 UNIX 源码授权给学术机构做研究或教学之用，许多机构在此源码基础上加以扩充和改进，形成了所谓的 UNIX "变种"，这些变种反过来也促进了 UNIX 的发展，其中最著名的变种之一是由加州大学伯克利分校开发的 BSD 产品（伯克利软件套件）。

后来 AT&T 意识到了 UNIX 的商业价值，不再将 UNIX 源码授权给学术机构，并对之前的 UNIX 及其变种声明了版权权利。变种 BSD UNIX 在 UNIX 的历史发展中具有相当大的影响力，被很多商业厂家采用，成为很多商用 UNIX 的基础。BSD 在发展中也逐渐衍生出 3 个主要的分支：FreeBSD、OpenBSD 和 NetBSD。此后的 20 多年里，UNIX 系统不断变化，有很多大公司在取得了 UNIX 的授权之后，开发了自己的 UNIX 产品，如：IBM（国际商业机器公司）的 AIX、HP（惠普）的 HP-UX、SUN（太阳计算机系统）的 Solaris 和 SGI 的 IRIX 等。目前常用的 UNIX 系统版本主要有 UNIX SUR4.0、HP-UX11.0、SUN 的 Solaris8.0 等。

UNIX 网络操作系统历史悠久，其良好的网络管理功能已为广大网络用户所接受，拥有丰富应用软件的支持，它的主要特色表现在如下几个方面。

1. 精巧的核心与丰富的实用层

UNIX 系统在结构上分成内核层和实用层。核心层小巧，而实用层丰富。核心层包括进程管理、存储管理、设备管理、文件系统几个部分。UNIX 核心层设计得非常精干简洁，其主要算法经过反复推敲，对其中包含的数据结构和程序进行了精心设计。因此，核心层只需占用很小的存储空间，并能常驻内存，以保证系统以较高的效率工作。

实用层是那些能从核心层分离出来的部分，它们以核外程序形式出现并在用户环境下运行。这些核外程序包含有丰富的语言处理程序，UNIX 支持十几种常用程序设计语言的编译和解释程序，如 C 语言和 BASIC 语言等；另外，UNIX 的命令解释程序 Shell 也属于核外程序，正是这些核外程序给用户提供了相当完备的程序设计环境。

UNIX 的核心层向核外程序提供充分而强有力的支持。核外程序则以内核为基础，最终都使用由核心层提供的底层服务，它们逐渐都成了"UNIX 系统"的一部分。核心层和实用层两者结合起来作为一个整体，向用户提供各种良好的服务。

2. 具备层次式文件系统

UNIX 系统采用树型目录结构来组织各种文件及文件目录。这样的组织方式有利于辅助存储器空间分配及快速查找文件，也可以为不同用户的文件提供文件共享和存取控制的能力，且保证用户之间安全有效的合作。

3. 统一看待文件和设备

UNIX 系统中的文件是无结构的字节序列。在缺省情况下，文件都是顺序存取的，但用户如果需要的话，也可为文件建立自己需要的结构，用户也可以通过改变读/写指针对文件进行随机存取。

UNIX 将外围设备与文件一样看待，外围设备如同磁盘上的普通文件一样被访问、共享和保护。用户不必区分文件和设备，也不需要知道设备的物理特性就能访问它。例如系统中行式打印机对应的文件名是 /dev/lp。用户只要用文件的操作就能把它的数据从打印机上输出。这样在用户面前，文件的概念简单了，使用也方便了。

4. 具有良好的移植性，开放性好

UNIX 的所有实用程序和核心的 90% 代码是用 C 语言写成的，这使 UNIX 成为一个可移植的操作系统。操作系统的可移植性带来了应用程序的可移植性，因而用户的应用程序既可用于小型机，又可用于其他的微型机或大型机，从而大大提高了用户的工作效率。UNIX 的所有技术说明基本上公开，并可以免费使用，开放性好。

5. 可靠性高、网络功能强大

UNIX 操作系统的可靠性非常高，可以连续不断地长时间运行，并保持良好的状态，UNIX 操作系统支持 TCP/IP 协议，而 TCP/IP 协议是 Internet 技术的基础。

6. 具有强大的数据库支持功能和高安全性

UNIX 操作系统支持各种数据库管理系统，特别是大型数据管理系统，如：ORACLE.Sybase、DB2 和 Informix 等，大部分 UNIX 的数据保护策略都把集中式的安全管理与端到端的安全管理相结合，安全性高。UNIX 系统提供了许多数据保安特性，可以使计算机信息机构和管理信息系统的主管们对他们的系统有一种安全感。

7. 可管理性好

随着系统越来越复杂，无论从系统自身的规模或者与不同供应商的平台集成，还是从系统运行的应用程序来说，系统管理的重要性与日俱增。UNIX 系统支持的系统管理手段是按既易于管理单个服务器，又方便管理复杂的联网系统设计；既要提高操作人员的生产力又要降低业主的总开销。UNIX 的核心系统配置和管理是由系统管理器（SAM）来实施的 SAM 使系统管理员既可采用直觉的图形用户界面，也可采用基于浏览器的界面对全部重要的管理功能执行操作。

虽然 UNIX 系统取得了巨大的成功，但它也不是没有缺点的。主要的不足有如下几点：

（1）UNIX 系统的版本太多，造成应用程序的可移植性不能完全实现

虽然 UNIX 是用 C 语言写成的，因而容易修改和移植，但由于它的开放性造成了 UNIX 版本太多，很难统一。

（2）UNIX 系统的核心是无序模块结构

UNIX 系统的核心有 90% 是用 C 语言写成的[1]，但其结构不是层次的，故显得十分复杂，不易修改和扩充。因其体系结构不够合理，UNIX 的市场占有率呈下降趋势。

（3）UNIX 操作系统使用不太方便

虽然 UNIX 网络操作系统的稳定和安全性能非常好，但由于它多数是以命令

---

[1]　CSDN 博客 .UNIX 特点 [EB/OL].（2008-06-22）[2022-10-25].https://blog.csdn.net/shenteng/article/details/2574200.

方式来进行操作的，不容易掌握，特别是初级用户。正因如此，小型局域网基本不使用 UNIX 作为网络操作系统，UNIX 操作系统一般用于大型的网站或大型的局域网中。

（二）Linux 操作系统

Linux 操作系统是一种可以免费使用和自由传播的类 UNIX 网络操作系统，主要用于基于 Intel X86 系列 CPU 的计算上。

Linux 的出现，最早是一位名叫林纳斯·本纳第克特·托瓦兹的计算机业余爱好者，当时他是芬兰赫尔辛基大学的学生。他的目的是想设计一个代替 Minix（是由一位名叫安德鲁·坦纳鲍姆的教授编写的一个操作系统示教程序）的操作系统，这个操作系统可用于 386、486 或奔腾处理器的个人计算机上，并且具有 UNIX 操作系统的全部功能，因而开始了 Linux 雏形的设计。

Linux 以它的高效性和灵活性著称。它能够在 PC 计算机上实现全部的 UNIX 特性，具有多任务、多用户的能力。Linux 是在 GNU 公共许可权限下免费获得的，是一个符合 POSIX 标准的操作系统。Linux 操作系统软件包不仅包括完整的 Linux 操作系统，而且还包括了文本编辑器、高级语言编译器等应用软件。Linux 不仅为用户提供了强大的操作系统功能，而且还提供了丰富的应用软件。用户不但可以从 Internet 上下载 Linux 及其源代码，而且还可以从 Internet 上下载许多 Linux 的应用程序。可以说，Linux 本身包含的应用程序以及移植到 Linux 上的应用程序包罗万象，任何一位用户都能从有关 Linux 的网站上找到适合自己特殊需要的应用程序及其源代码，这样用户就可以根据自己的需要下载源代码，以便修改和扩充操作系统或应用程序的功能。

Linux 之所以受到广大计算机爱好者的喜爱，主要原因有两个：一是它属于自由软件，用户不用支付任何费用就可以获得它和它的源代码，并且可以根据自己的需要对它进行必要的修改，无偿地使用它，并无约束地继续传播；另一个原因是，它具有 UNIX 的全部功能，任何使用 UNIX 操作系统或想要学习 UNIX 操作系统的人都可以从 Linux 中获益。

由于 Linux 是一套自由软件，用户可以无偿地得到它及其源代码，可以无偿地获得大量的应用程序，而且可以任意地修改和补充它们。这对用户学习、了解 UNIX 操作系统的内核非常有益，为广大的计算机爱好者提供了学习、探索以及修改计算机操作系统内核的机会。

目前常用的 Linux 版主要有：Rat Hat Linux、SlackKware、Xteam Linux 和红旗 Linux 等。它们的共同特点如下：

1. 具备开放性

开放性是指系统遵循世界标准规范，特别是遵循开放系统互联（OSI）国际标准。凡是遵循国际标准所开发的硬件和软件，都能彼此兼容，可方便地实现互联。

2. 可多用户、多任务

多用户是指系统资源可以被不同用户各自拥有使用，即每个用户对自己的资源（例如：文件、设备）有特定的权限，互不影响。Linux 和 UNIX 都具有多用户的特性。多任务是现代计算机的最主要的一个特点。它是指计算机同时执行多个程序，而且各个程序的运行互相独立。Linux 系统调度每一个进程，平等地访问微处理器。由于 CPU 的处理速度非常快，其结果是，启动的应用程序看起来好像在并行运行。事实上，从处理器执行一个应用程序中的一组指令到 Linux 调度微处理器再次运行这个程序之间只有很短的时间延迟，用户是感觉不出来的。

3. 具备良好的用户界面

Linux 向用户提供了两种界面：用户界面和系统调用。Linux 的传统用户界面是基于文本的命令行界面，即 Shell，它既可以联机使用，又可存在文件上脱机使用。Shell 有很强的程序设计能力，用户可方便地用它编制程序，从而为用户扩充系统功能提供了更高级的手段。可编程 Shell 是指将多条命令组合在一起，形成一个 Shell 程序，这个程序可以单独运行，也可以与其他程序同时运行。系统调用给用户提供编程时使用的界面。用户可以在编程时直接使用系统提供的系统调用命令。系统通过这个界面为用户程序提供低级、高效率的服务。Linux 还为用户提供了图形用户界面。它利用鼠标、菜单、窗口、滚动条等设施，给用户呈现一个直观、易操作、交互性强的友好图形化界面。

4. 设备独立性较高

设备独立性是指操作系统把所有外部设备统一当作成文件来看待，只要安装它们的驱动程序，任何用户都可以像使用文件一样，操纵、使用这些设备，而不必知道它们的具体存在形式。Linux 是具有设备独立性的操作系统，它的内核具有高度适应能力，随着更多的程序员加入 Linux 编程，会有更多硬件设备加入各种 Linux 内核和发行版本中。另外，由于用户可以免费得到 Linux 的内核源代码，因此，用户可以修改内核源代码，以便适应新增加的外部设备。

5. 具备丰富的网络功能

完善的内置网络是 Linux 的一大特点。Linux 在通信和网络功能方面优于其他操作系统。其他操作系统不包含如此紧密地和内核结合在一起连接网络的能力，也没有内置这些联网特性的灵活性。而 Linux 为用户提供了完善的、强大的网络功能。Linux 支持 Internet、文件传输、远程访问等网络功能。

6. 系统安全技术措施完善

Linux 采取了许多安全技术措施，包括对读、写进行权限控制、带保护的子系统、审计跟踪、核心授权等，这为网络多用户环境中的用户提供了必要的安全保障。

7. 具备良好的可移植性

可移植性是指将操作系统从一个平台转移到另一个平台使它仍然能按其自身方式运行的能力。Linux 是一种可移植的操作系统，能够在从微型计算机到大型计算机的任何环境中和任何平台上运行。可移植性为运行 Linux 的不同计算机平台与其他任何机器进行准确而有效的通信提供了手段，不需要另外增加特殊的和昂贵的通信接口。

8. 不收费

Linux 是一款免费的操作系统，用户可以通过网络或其他途径免费获得，并可以任意修改其源代码。

Linux 操作系统的缺点主要表现在以下几个方面。

（1）缺乏技术支持

Linux 的开发人员分散在世界各地，他们可以随意发表自己的程序，没有正式的质量保证程序，由于分散性的开发，导致 Linux 缺乏技术支持。

（2）兼容性不好

Linux 并不能安装和运行在所有硬件平台上，Linux 所支持的硬件取决于每个开发者编写代码时所用的硬件。另外，一些应用软件，尤其是 FOR WINDOWS、DOS 的，不能在 Linux 上使用。

（三）Windows 操作系统

1.Windows 操作系统的发展概述

Microsoft Windows 是由微软公司开发的基于图形界面的多任务操作系统，又称为视窗操作系统。Windows 正如它的名字一样，它在计算机与用户之间打开了一个窗口，用户可以通过这个窗口直接使用、控制和管理计算机，从而使操作计算机的方法和软件的开发方法产生了巨大的变化。

Windows 操作系统是微软公司从 1983 年开始研制的。该公司在对微型计算机产业界进行市场预测时有一个至今看来是十分重要而又正确的观点：微型计算机产业要取得成功的关键是软件标准和兼容性。正是这一观点使 Windows 操作系统能超越非 Intel 体系结构的微型计算机 Macintosh 上的操作系统而成为主流。Windows 的第一个版本于 1985 年问世，1987 年推出了 Windows2.0。那时的操作系统虽然使用起来不十分方便，但它的能互相覆盖的多窗口的用户界面形态即使到现在也仍在使用。

1990 年推出的 Windows3.0 是一个里程碑。它在市场上的成功奠定了 Windows 操作系统在个人计算机领域的垄断地位。之后出现了一系列 Windows 3.x 操作系统为程序开发提供了功能强大的控制能力，使得 Windows 和在 Windows 环境下运行的应用程序具有风格统一、操纵灵活、使用简便的用户界面。Windows 3.x 也提供了网络支持，为用户与网络服务器和网络打印机的连接提供了方便。

微软公司在此之后推出的 Windows NT（New Technology）可以支持从桌面系统到网络服务器等一系列机器，系统的安全性较好。

1995 年微软发布了 Windows 95 操作系统，这是一个具有里程碑意义的个人计算机操作系统，引入了诸如多进程、保护模式、即插即用等特性，使得 Windows 95 在个人计算机上大行其道，并且最终使得微软统治了个人计算机操作系统市场。甚至 Windows 95 一些特点，例如开始按钮、菜单、窗口，传统的灰、蓝双色界面都已成为 Windows 操作系统的标准并且延续了相当长的一段时间。但是 Windows 95 并不能称完美，为了兼容以前在 DOS 下的程序，Windows 95 被设计成可以同时兼容 16 位和 32 位代码的操作系统，这样的设计使系统为稳定性付出了相当大的代价，蓝屏几乎就成了 Windows 操作系统的代名词。

在随后的几年中，微软不断对 Windows 产品进行升级，先后推出了 Windows 98、Windows98 SE 和 Windows ME 等版本。与 Windows 95 相比，这些版本在对新硬件支持、更强的多媒体播放、Internet 连接共享及稳定性、易用性等方面做了较大改进。

2000 年微软公司又推出了 Windows 2000，这个操作系统在 Windows NT 的基础上，包含了 NT 的多数优点和体系结构，并且增加了许多新功能，具有更强的安全性、更高的稳定性和更好的系统性能。同时结合 Windows 9x 的用户界面，帮助用户更加容易地使用计算机、安装和配置系统、浏览 Internet 等。

为了适应网络的迅速发展以及家庭或工作的不同计算需要，Windows 系列逐渐分化为三类产品。其中，以 Windows 9x/Me 为代表的是面向家庭计算机用户的操作系统，其最新的版本是 Windows XP Home Edition；以 WindowsNT Workstation/2000 Professional 为代表的是面向商业办公的操作系统，其最新的版本是 Windows XP Professional；以 Windows NT Server/2000 Server 为代表的是面向高端应用的操作系统，其最新版本是 Windows XP 64-Bit Edition。

自从个人计算机问世之日起，人们一直在追求性能强大、工作稳定、简单易用的操作系统。微软公司的 Windows 产品无疑就是其中的佼佼者，通过十几年的不断开发和升级，Windows 已经在桌面操作系统中占领了 90% 以上的份额，其最新的版本就是 Windows XP[1]。

2.Windows 操作系统的主要特征

Windows 是一个系列化的产品，在它发展过程中的每一个新版本的出现都会有突出的新功能和新特点。在不断推出新版本的过程中，它能及时地把用户的需求和技术的发展整合在一起，从而得到用户的欢迎。由于 Windows 操作系统的市场占有率较大，所以对用户的工作方式和应用程序的开发都产生了很大影响。能产生这些影响的原因很大部分在于 Windows 操作系统的下述特点。

（1）丰富的应用程序

Windows 系统提供了丰富的应用程序，如字处理程序（Word）、电子表格程序（Excel）、数据库管理软件（Access）以及绘图软件（Auto CAD）等。

---

① 原创力文档.操作系统的认识 [EB/OL].（2019-09-10）[2022-10-25]. https://max.book118. com/html/2019/0910/7030142064002054.shtm.

（2）统一的窗口和操作方式

在 Windows 系统中，所有的应用程序都具有相同的外观和操作方式，一旦掌握了一种应用程序的使用方法，便很容易掌握其他应用程序的使用方法。

（3）多任务的图形化用户界面

Windows 系统从最初在市场上出现就摆脱了当时还十分流行的字符形式操作界面，为每个用户程序提供一个窗口，窗口的大小、位置、显示方式都可由用户控制。窗口中分层次合理地组织了标题栏、滚动条、控制按钮等，使用户除了必要参数输入外，其他操作都可以用鼠标来完成。由于 Windows 系统利用了各种图示化手段，加上功能完善的联机帮助系统，使 Windows 操作系统学习容易，使用方便。

（4）事件驱动程序的运行方式

Windows 支持基于消息循环的程序运行方式，外部消息产生于用户环境引发的时间（键盘、鼠标的动作等）。事件驱动方式对于用户交互操作比较多的应用程序，既灵活又直观。

（5）标准的应用程序接口

Windows 系统为应用程序开发人员提供了功能很强的应用程序接口（API）。开发者可以通过调用应用程序接口创建 Windows 图形界面的窗口、菜单、滚动条、按钮等，使得各种应用程序在操作界面层次风格一致。这种标准的应用程序界面，不仅简化了应用程序的开发，还使学习和使用应用程序的过程可以缩短。

（6）实现数据共享

Windows 系统提供了剪贴板功能，可以将一个应用程序中的数据通过剪贴板粘贴到另一个应用程序中。对象嵌入和链接技术也为应用程序的集成提供了一个在不同文档中交换数据的平台。

（7）支持多媒体和网络技术

Windows 系统提供多种数据格式和丰富的外部设备驱动程序，为实现多媒体应用提供了理想平台。在通信软件的支持下，可以共享局域网乃至 Internet 的资源。

（8）先进的主存储器管理技术

在 Windows 系统中，可以调用 DOS 并可以直接使用 DOS 应用程序，具有良好的兼容性。

（9）不断增强的功能

虽然 Windows 版本更新为用户的使用及投资带来了一些不便，但每一种新版本的 Windows 都反映了用户的最新要求和对新硬件技术的包容，这在某种程度上也增加了 Windows 的好用、易用特性。微软公司推出的 Windows XP 更是综合了以往 Windows 的优点，力图在网络时代推行由软件销售到软件服务的理念，这已被许多人认可。

二、计算机操作系统的安全与访问控制

（一）计算机操作系统安全

1985 年，美国国防部提出可信计算机系统评测标准 TCSEC（习惯上称橘皮书）。TCSEC 将系统分成 ABCD 四类 7 个安全级别。D 类是安全级别最低的级别；C 类为自主保护级别；B 类为强制保护级别；A 类为验证保护类，包含一个严格的设计，控制和验证过程。当前主流的操作系统安全性远远不够，如 UNIX 系统，Windows NT 都只能达到 C2 级，安全性均有待提高。各种形式的安全增强操作系统在普通操作系统的基础上增强其安全性，使得系统的安全性能够满足系统实际应用的需要。

安全操作系统也称为可信操作系统，它是指经认证达到或相当于 TCSEC B1级以上的操作系统。从学术的角度来说，可信操作系统应具备的功能：用户的识别与判定；强制访问控制 MAC 功能与 DAC 功能；客体的再利用保护；完整的裁决；日志审计；可信路径；入侵检测等。我们可以把安全操作系统理解为：具有最小特权，以强制访问控制功能为核心的加强安全性的操作系统。安全操作系统涉及很多概念，主要包括主体和客体，安全策略和安全模型，安全内核和可信计算基等。

1. 主体和客体

操作系统的访问控制是操作系统安全控制保护中重要的一环，在身份识别的基础上，根据身份对提出的资源访问请求加以控制。访问控制是现代操作系统常用的安全控制方式之一。主体即访问的发起者，通常为进程，程序或用户。客体通常是被动的，它主要包括各种资源，如文件、设备、信号量等。在操作系统中

任何一个对象要么是主体，要么是客体，当然有些对象既可以是主体又可以是客体（如进程）。

2. 安全策略和安全模型

安全策略是指有关管理、保护和发布敏感信息的规定细则，在安全策略中可将系统中的用户和信息划分为不同的层次，它们的级别各不相同，如果主体要读访问客体当且仅当主体的级别高于或等于客体的级别，如果主体要写访问客体，当且仅当客体的级别低于或等于主体的级别。

安全模型是对安全策略所表达的需求简单、抽象和无歧义的描述，它为安全策略的实现提供了一种框架。安全模型一般有两种形式：形式化的安全模型和非形式化的安全模型。非形式化的安全模型仅模拟系统的安全功能，形式化的安全模型则使用数学模型精确地描述安全性及其在系统中的使用情况。

3. 安全内核和可信计算基

安全内核是指操作系统中与实现安全性相关的部分，对系统进行的所有操作都必须经过安全内核的检查，所以对操作系统的安全内核必须加以保护，同时操作系统的安全内核应该尽可能小，以便进行正确性验证。

可信计算基（Trusted Computing Base，TCB）由具体实施操作系统安全策略的可信的软件和硬件等构成。可信计算基本质上是一种能够超越预设安全规则，执行特殊行为的运行实体。这些实例的目标是实现：数据的真实性、数据的机密性、数据保护以及代码的真实性、代码的机密性和代码的保护。

（二）计算机操作系统安全性评估标准

计算机操作系统安全性评估标准是一种技术性法规。在信息安全这一特殊领域，如果没有这一标准，那么与此相关的立法、执法就会失之偏颇，最终会给国家的信息安全带来严重后果。由于信息安全产品和系统的安全评价事关国家的安全利益，因此许多国家都在充分借鉴国际标准的前提下，积极制定本国的计算机安全评价认证标准。

1. 美国的安全操作系统评估标准

美国可信计算机安全评估标准（TCSEC）是计算机系统安全评估的第一个正式标准，具有划时代的意义。TCSEC 将计算机系统的安全划分为 4 个等级、7 个级别。这里仅给出等级划分的基本特征以满足本章后续内容之需要。

（1）D类安全等级。D类安全等级只包括D1一个安全级别，安全等级最低。D1系统只为文件和用户提供安全保护。最典型的形式是本地操作系统，或者是一个完全没有保护的网络操作系统。

（2）C类安全等级。该类安全等级能够提供审慎的保护，并为用户的行动和责任提供审计能力。C类安全等级可划分为C1和C2两类。C1系统通过将用户和数据分开来达到安全的目的。C2系统比C1系统加强了可调的审慎控制。在连接到网络上时，C2系统的用户分别对各自的行为负责，通过登录过程、安全事件和资源隔离来增强这种控制。

（3）B类安全等级。B类安全等级分为B1、B2、B3三类。B类系统具有强制性保护功能，强制性保护意味着如果用户没有与安全等级相连，系统就不会让用户存取对象。

（4）A类安全等级。A系统的安全级别最高。目前A类安全等级只包含A1一个安全类别。其显著特征是，系统的设计者必须按照一个正式的设计规范来分析系统。对系统分析后，设计者必须运用核对技术来确保系统符合设计规范。A1系统必须满足：系统管理员必须从开发者那里接收到一个安全策略的正式模型；所有的安装操作都必须由系统管理员进行；系统管理员进行的每一步安装操作都必须有正式文档。

2. 我国的安全操作系统评估标准

为了适应信息安全发展的需要，借鉴国际上的一系列有关标准，我国也制定了计算机信息系统等级划分准则。我国将操作系统分成5个级别，分别是用户自主保护级、系统审计保护级、安全标记保护级、结构化保护级、访问验证保护级。这5个级别的区别见表2-2-1。

表 2-2-1　操作系统的 5 个级别

	第1级	第2级	第3级	第4级	第5级
自主访问控制	√	√	√	√	√
身份鉴别	√	√	√	√	√
数据完整性	√	√	√	√	√
客体重用		√	√	√	√

续表

	第1级	第2级	第3级	第4级	第5级
审计			√	√	√
强制访问控制			√	√	√
标记			√	√	√
隐蔽信道分析				√	√
可信路径				√	√
可信恢复					√

（1）自主访问控制

计算机信息系统可信计算基定义和控制系统中命名用户对命名客体的访问。实施机制（如访问控制列表）允许命名用户以用户和（或）用户组的身份规定并控制客体的共享；阻止非授权用户读取敏感信息，并控制访问权限扩散。自主访问控制机制根据用户指定的用户只允许由授权用户指定对客体的访问权。

（2）身份鉴别

计算机信息系统可信计算基初始执行时，要求用户标识自己的身份，并使用保护机制（如口令）来鉴别用户的身份；阻止非授权用户访问用户身份鉴别数据。通过为用户提供唯一标识，计算机信息系统可信计算基能够使用户对自己的行为负责。计算机信息系统可信基还具备将身份标识与该用户所有可审计行为相关联的能力。

（3）数据完整性

计算机信息系统可信计算基通过自主和强制完整性策略，阻止非授权用户修改或破坏敏感信息。在网络环境中，使用完整性敏感标记来确认信息在传送中未受损。

（4）客体重用

在计算机输出信息系统可信计算基的空闲存储客体空间中，对客体初始指定、再分配一个主体之前，撤销该客体所含信息的所有授权。当主体获得对一个已释放的客体的访问权时，当前主体不能获得原主体活动所产生的任何信息。

（5）审计

计算机信息系统可信计算基能创建和维护受保护客体的访问审计跟踪记录，

并能阻止非授权的用户对它的访问或破坏活动。可信计算基能记录下述事件：使用身份鉴别机制；将客体引入用户地址空间（如打开文件、程序初始化）；删除客体；由操作员、系统管理员和（或）系统安全管理员实施的动作及其他与系统安全有关的事件。对于每一事件，其审计记录包括：事件的日期和时间、用户事件类型、事件是否成功。对于身份鉴别事件，审计记录包含来源（如终端标识符）；对于客体引入用户地址空间的事件及客体删除事件，审计记录包含客体名。对不能由计算机信息系统可信计算基独立辨别的审计事件，审计机制提供审计记录接口，可由授权主体调用。这些审计记录区别于计算机信息系统可信计算基独立分辨的审计记录。

（6）强制访问控制

计算机信息系统可信计算基对所有主体及其所控制的客体（例如，进程、文件、段、设备）实施强制访问控制，为这些主体及客体指定敏感标记，这些标记是等级分类和非等级类别的组合，它们是实施强制访问控制的事实依据。计算机信息系统可信计算基支持两种或两种以上成分组成的安全级别。计算机信息系统可信计算基控制的所有主体对客体的访问应满足：仅当主体安全级中的等级分类高于或等于客体安全级中的等级分类，且主体安全级非等级类别包含了客体安全级中的非等级类别，主体才能写一个客体。计算机信息系统可信计算基使用身份和鉴别数据，鉴别用户的身份，并保证用户创建的计算机信息系统可信计算基外部主体的安全级和授权受该用户的安全级和授权的控制。

（7）标记

计算机信息系统可信计算基应维护与主体及其控制的存储客体（例如，进程、文件、段、设备）相关的敏感标记，这些标记是实施强制访问的基础。为了输入未加安全标记的数据、计算机信息系统可信计算基向授权用户要求并接受这些数据的安全级别，且可由计算机信息系统可信计算基审计。

（8）隐蔽信道分析

系统开发者应彻底隐蔽存储信道，并根据实际测量或工程估算确定每一个被标识信道的最大带宽。

（9）可信路径

当连接用户时（例如，注册、更改主体安全级），计算机信息系统可信计算基提供它与用户之间的可信通道路径。可信路径上的通信能由该用户或计算机信息系统激活，且在逻辑上与其他路径上的通信相隔离，并能正确地加以区分。

（10）可信恢复

计算机信息系统可信计算基提供过程和机制，保证计算机信息系统失效或中断后，可以进行不损害任何安全保护性能的恢复。

该规定中，级别从低到高，每一级都将实现上一级的所有功能，并且有所增加。第1级是用户自主保护级，在该级中，计算机信息系统可信计算基通过隔离用户与数据，使用户具备自主安全保护能力。通常所说的安全操作系统，其最低级别即是第3级，日常所见的操作系统，则以第1级和第2级为主。4级以上的操作系统，与前3级有着很大的区别。4级和5级操作系统必须建立于一个明确定义的形式化安全策略模型之上。此外，还需要考虑隐蔽通道。在第4级结构化保护级中，要求将第3级系统中的自主和强制访问控制扩展到所有主体与客体。第5级访问验证保护级的计算机信息系统可信计算基满足访问监控器需求。访问监控器仲裁主体对客体的全部访问，访问监控器本身必须是抗篡改、足够小且能够分析和测试的。为了满足访问监控器需求，计算机信息系统可信计算基在构造时，排除那些对实施安全策略来说并非必要的代码；在设计和实现时，从系统工程角度将其复杂性降低到最小。支持安全管理员职能；提供审计机制，当发生与安全相关的事件时发出信号；提供系统恢复机制。这种系统具有高的抗渗透能力。

（三）安全操作系统的机制与访问控制

为了实现操作系统的安全一般要采取以下机制：硬件安全机制、身份标识与鉴别、访问控制等。

硬件安全的目标是保证硬件自身的可靠性和为系统提供基本安全机制，这些基本安全机制主要包括：存储保护、运行保护和I/O保护等。

身份标识与鉴别涉及操作系统与用户两方面，标识是操作系统要为每个系统用户提供一个可以识别的内部名称，这个内部名称必须具有唯一性；鉴别是将用户与用户标识相联系的过程，它主要是用于判断用户身份的真实性，鉴别一般在用户登录系统时进行，它可以通过口令机制，也可以是生物技术机制来实现。

一般客体的保护机制有两种：一种是自主访问控制（discretionary access

control，DAC）；另一种是强制访问控制（mandatory access control，MAC）。

1. 自主访问控制

所谓的自主访问控制是一种最为普遍的访问控制手段，用户可以按自己的意愿对系统的参数做适当修改以决定哪些用户可以访问他们的文件，即一个用户可以有选择地与其他用户共享他的文件，用户有自主的决定权。换句话来说，自主访问控制是指主体可以自主地将访问权，或访问权的某个子集授予其他主体。

自主访问控制是一个安全的操作系统所必须具备的访问控制机制。它基于对主体及主体所属主体组的识别，来限制对客体的访问，还要校验主体对客体的访问请求是否符合存取控制规定来决定对客体访问的执行与否。

为了实现完备的自主访问控制系统，由访问控制矩阵提供的信息必须以某种形式存放在系统中。访问矩阵中的每行表示一个主体，每一列则表示一个受保护的客体，而矩阵中的元素，则表示主体可以对客体的访问模式。目前，在系统中访问控制矩阵本身，都不是完整地存储起来，因为矩阵中的许多元素常常为空，空元素将会造成存储空间的浪费，而且查找某个元素会耗费很多时间。实际上常常是基于矩阵的行或列来表达访问控制信息，如：基于行的自主访问控制，所谓基于行的自主访问控制是在每个主体上都附加一个该主体可访问的客体明细表；基于列的自主访问控制，所谓基于列的访问控制是指按客体附加一份可访问它的主体明细表。

2. 强制访问控制

自主访问控制是保护系统资源不被非法访问的一种有效手段。但是由于它的控制是自主的，也带来了问题。在自主访问控制方式中，某一合法用户可以任意运行一个程序来修改他拥有的文件存取控制信息，而操作系统无法区分这种修改是用户自己的操作，还是恶意攻击的特洛伊木马的非法操作。

通过强加一些不可逾越的访问限制，系统可以防止某一些类型特洛伊木马的攻击。在强制访问控制方式中，系统对主体和客体都分配一个特殊的安全属性，而且这一属性一般不能更改，系统通过比较主体和客体的安全属性来决定一个主体是否能够访问某个客体。用户的程序不能改变他自己及任何其他客体的安全属性。强制访问控制还可以阻止某个进程共享文件，并阻止通过一个共享文件向其他进程传递信息。

所谓强制访问控制是指用户与文件都有一个固定的安全属性。系统用该安全属性来决定一个用户是否可以访问某个文件。安全属性是强制性的规定，它是由安全管理员或者是操作系统根据限定规则确定的，用户或用户的程序不能加以修改。如果系统认为具有某一个安全属性的用户不适于访问某个文件，那么任何人（包括文件的拥有者）都无法使该用户具有访问该文件的权力。强制访问控制是一种多级访问控制策略，它的主要特点是系统对访问主体和客体实行强制访问控制，系统事先给访问主体和客体分配不同的安全级别属性，在实施访问控制时，系统先对访问主体和客体的安全级别属性进行比较，再决定访问主体能否访问该客体。普通的操作系统采用任意访问控制，系统管理员可以访问任何目录与文件。在安全操作系统里，访问控制策略由安全管理员制定，系统管理员无权干预。

强制访问控制施加给用户自己客体严格的限制，但也使用户受到自己的限制。但是，系统为了防范木马，必须要这么做。即便是不存在木马，强制访问控制也是有必要的，它可以防止在用户无意或不负责任地操作时，泄露机密信息。强制访问控制对专用的或简单的系统是有效的。一般强制访问控制采用以下几种方法：

（1）限制访问控制。由于自主控制方式允许用户程序来修改他拥有文件的存取控制表，所以为非法者带来可乘之机。系统可以不提供这一方便，在这类系统中，用户要修改存取控制表的唯一途径是请求一个特权系统调用。该调用的功能是依据用户终端输入的信息，而不是靠另一个程序提供的信息来修改存取控制信息。

（2）过程控制。在通常的计算机系统中，只要系统允许用户自己编程，就没办法杜绝木马。但可以对其过程采取某些措施，这种方法称为过程控制。例如，警告用户不要运行系统目录以外的任何程序，从而提醒用户注意，如果偶然调用一个其他目录的文件，不要做任何动作。需要说明的一点是，这些限制取决于用户本身执行与否。因而，自愿的限制很容易变成实际上没有限制。

3. 系统限制

显然，实施的限制最好是由系统自动完成。要对系统的功能实施一些限制。比如，限制共享文件，但共享文件是计算机系统的优点，所以是不可能加以完全限制的。还有就是限制用户编程。

强制访问控制一般用于将系统中的信息分密级和类别进行管理，适用于军事、政府机关和金融证券机构等。

另外，为了使系统能够正常运行，系统中的某些进程需具有一些可违反系统安全策略的权力，这些权力我们称为特权。系统管理员或操作员拥有这些权力后一方面可以更好地工作，另一方面也会带来安全问题。如系统管理口令泄露，将会对系统带来极大的损失，所以必须实施最小特权管理，也就是对特权的分配应当以分配不超过用户所执行任务所需特权为指导思想，即不给多余特权。

第三节　计算机安全软件工程

一、需求分析控制

待开发的新程序系统的需求分析需要由开发者与用户共同合作完成。开发方应该根据需求分析阶段软件规范要求，认真组织实施软件需求分析计划，完成需求分析阶段的任务；程序的用户既是需求分析工作的组织领导者，又是开发方需求分析的积极配合者，用户应该对待开发的程序提出明确的功能要求、数据要求以及安全要求。开发者应该制定满足用户要求的安全与保密方案，并把它们体现到相应处理功能中。

详细描述需要实现的系统功能、采用适当的分析技术（如结构化分析或面向对象分析技术）分析新系统的功能，并给出系统的功能模型和系统的处理流程，可以采用数据流图或输入—处理—输出等方法描述用户的需求和处理流程。

确定新系统的数据要求和每个数据元素的属性。把数据按逻辑相关性组织到一起，形成表格或其他组织形式。按不同的敏感度把数据划分为不同安全等级。

详细描述用户提出的系统安全与保密要求，确定系统的总体安全策略，并对用户的安全需求进行分类，区别哪些要求可以由购买的系统提供支持，哪些要求是由开发者自己实现的。然后根据这些要求与安全策略确定相应的安全机制，这些机制应该是可以利用现有安全技术实现的或可以购买到的。

把需要由开发者自己实现的安全与保密要求分配到相应的处理功能中，而功能又与相应的处理对象挂钩；根据需要由运行环境提供的安全保密要求，选择达到某种安全级别（如 C2、B2 级）的操作系统、数据库系统软件平台和硬件平台。开发者还应该解决自己开发的安全功能与现成系统提供的安全机制之间的有效结合问题。

建立新系统安全模型和安全计划。安全模型应该符合总体安全策略的要求，并且应该是简洁和便于验证的；安全计划应该是具体和可实施的。

二、设计与验证

（一）系统功能的分解原则

根据软件工程的原则，需要把待开发的程序功能模块化。模块化设计的方法很多，其中结构化设计方法和面向对象设计方法应用最广泛。把大的系统模块化有很多优点，不仅有利于编程，而且也有利于安全。根据模块划分的原则，要求模块功能的独立性要好，模块之间的相关性要小。

模块之间的交互是通过参数传递实现的，良好的模块化设计还要求模块之间传递参数的数量要少。因此，模块在一定程度上是自治的，即模块的代码及其处理的对象（数据）被封装在一起。一个模块不能访问另一个模块内部的数据，这种特性称为信息隐蔽。模块的所有这些特点都提高了系统的安全性。满足以上要求的模块化设计有以下优点。

1.降低编程的复杂性

由于每个模块功能的单一性和规模相对的小，每个模块的代码数量不大，在结构化设计中，要求每个模块的代码的行数不超过一页打印纸的容量（60 行左右）。这样规模的小程序是比较容易编写的。在面向对象的概念中，以对象为单位进行分解，对象中封装了与其有关的处理算法、数据结构和对象间通信机制，其规模较模块而言可能不同。

2.提高系统的可维护性

由于要求模块功能相对独立，系统结构是模块化的，在系统中增加新模块或修改已有模块都不会对旧系统做大的改变，对其他模块的影响相对少；又由于一个模块的代码较短，容易阅读、容易理解。这些对于程序员的维护工作都是有益的。

3. 提高软件的可重用性

一个模块的功能独立使这个模块有可能在其他软件中重用，可重用性是提高软件开发效率的有效方法，可以提高系统的可靠性和安全性。一个正确的模块用于其他软件，还可以减少测试的工作量。

4. 提高系统的可测试性

由于模块功能的单一性和代码的简短性，使得比较彻底地测试一个模块成为可能。这样每个模块都有可能获得详细的测试，把这些测试过的模块集成到一起就比较容易。

5. 提高系统的安全性

由于模块把其代码和处理的数据封装在一起，使模块内部变成一个黑盒子，实现了信息隐蔽与模块间的隔离，便于对数据的访问控制。模块之间的信息交换，以及它们对共享数据的访问都可以受到控制，从而提高了系统的安全性。

（二）数据集的设计原则

位于模块之外供若干模块共享的数据需要以数据库或数据文件的形式存放，一般把这两种组织形式的数据称为数据集。我们在这里不准备讨论如何设计数据库或数据文件的结构，主要讨论一些设计原则。设计数据集的原则主要有四个。

1. 减少冗余性

冗余性会威胁数据的完整性与一致性。如果是设计数据库，首先要遵照关系三范式理论和数据元素的相关性建立数据库的库表；如果是数据文件设计，也应该把紧密相关的数据放在一个文件中，尽量减少冗余性。

2. 划分数据的敏感级

尽量按敏感级分割数据，这样便于对敏感级高的数据加强访问控制管理。数据的敏感级与数据的用途、重要性等因素有关，需要根据数据的敏感级对用户进行分类，以便确定用户对各个数据（库）文件的访问权限。

3. 注意防止敏感数据的间接泄露

需要特别注意的是，不能因为允许访问非敏感数据，而造成敏感数据的开放或间接开放。

4. 注意数据文件与功能模块之间的对应关系

处理敏感数据的模块越少越好，最好仅由一个模块负责对敏感数据的处理，便于集中精力实现与验证这个模块的安全性问题。由于这种模块的敏感级别高，对这种模块的调用需要进行严格控制，最好通过统一的访问控制模块调用。

（三）安全设计与验证问题

在设计阶段需要做的安全性工作主要有两部分：一是验证新系统的安全模型的可行性和可信赖性；二是根据安全模型确定可行的安全实现方案。

安全模型的验证与安全模型本身的形式化程度有关，如果形式化程度高，可以采用形式化验证技术。但大多数情况下，模型是非形式化的，在这种情况下，只能进行非形式化验证，验证的方法主要是"推敲"。不仅设计者自己需要反复推敲，而且还要请专家推敲和进行各种攻击，寻找漏洞。

对于安全性要求很高的信息系统（如军事信息系统，银行信息系统），用户应该要求开发方按照安全计算机系统评价标准的相应安全级别的要求建立形式化安全模型，要求设计者对模型进行严格验证。

当确认安全模型提供的安全功能是可信赖的时候，设计者应该设计整个应用系统的安全实现方案，并把这些安全功能分配到相关模块中。整个应用系统应该有一个安全核心模块，这个模块完成对使用应用程序的用户登录、身份核查和访问控制等功能。关于安全方案及功能的分配问题应该注意以下几点。

（1）确定安全总体方案时，应合理划分哪些安全功能是由操作系统或数据库系统完成的，哪些安全功能由应用程序自己完成。由应用程序实现的安全功能应包括：使用本程序的用户身份核查、用户进入了哪个功能模块、操作起止时间、输出何种报表、对敏感模块的访问控制等。对数据库或操作系统的访问，由这些系统的安全机制负责。

（2）根据总体安全要求，选择相应安全级别的操作系统和数据库系统，而且二者的安全级别应该匹配，如果需要 C2 级安全，二者都应该是 C2 级的。

（3）在分配应用程序实现的安全功能的时候不能太分散，应该相对集中地分配到上面提到的那些敏感模块和访问控制模块中。

（4）对那些担负安全功能任务的模块的设计，需要提出特别要求。模块的封装性要好（信息隐蔽性好），任何对安全模块的调用必须通过参数传递的形式进行。在安全模块的入口处或在安全模块入口的外部设置安全过滤层，对所有对安全模块的访问加以监控。

三、编程控制

安全漏洞大多数是由于程序员在编程阶段有意或无意引入的。加强在编程阶段的安全控制是减少程序中各种安全漏洞的关键环节。主要措施是加强编程的组织、管理与控制，加强对程序员的职业道德教育、加强对源代码的安全检查。

（一）编程阶段的组织与管理

在很长的一段时间里，人们认为程序编制是程序员个人的事情。程序员接受编程任务后，独自一人完成，最后把目标程序运行给用户看，如果用户认为程序员已经达到了预计的功能要求，程序员只要再把源代码交给用户就可以了。这个过程中可能存在以下问题。

（1）程序员是否对目标程序进行了较彻底的测试，程序中是否还存在较严重的问题。

（2）目标程序中是否还有其他多余的用户不需要的功能。

（3）目标程序中是否包含恶意的功能代码。

（4）程序员提交的源代码与目标程序的版本是否一致。

（5）软件文档是否齐全，是否合乎要求。

这些问题有的是属于组织、管理与控制方面的，有的是属于程序员的职业道德方面的，还有的是属于安全检查方面的。解决这些问题的关键措施是贯彻软件工程原则，并遵照安全系统的开发规则去开发软件。

由于软件规模一般都比较大，程序开发任务很难由程序员一个人单独完成。一个较高水平的程序员的年程序产出量是 2000 行代码，根据编程语言的不同和开发平台能力的强弱，也可能是这个数量的 2～3 倍。对在某些复杂任务中的高明的程序员来说，平均每天也可能只编写 2～3 行代码。面对这样的生产能力，由单个程序员完成几万行甚至上百万条代码的程序的编写任务是很难胜任的。

软件工程适用于大规模程序设计，其基本原则是人员划分、代码重用、使用标准的软件开发工具以及有组织的行动。这几项原则在编程阶段都需要运用。例如，编程人员根据任务与工作量情况划分为不同的程序员组，每个组由5～7个人组成，由一个主程序员负责按设计文档要求完成模块的编程任务，并监督这个组的编程质量。

程序开发环境中应该提供软件重用库，软件重用可以是程序结构级、模块级和代码片段级。重用时，可以是全部、部分或修改利用。当编写一个模块的程序时，应该根据该模块的功能与结构查找软件重用库，如果有就选用，否则就编写。编写时也要根据总体要求的编程方法（如结构化编程、面向对象编程）去编写模块程序，根据软件工程要求，程序员不得擅自更改模块的设计要求，包括模块的功能与接口。

（二）代码审查

程序中各种错误与漏洞，有的是程序员无意产生的，有的则是故意制造的。除了对程序员加强责任心和职业道德教育外，防止这些问题出现的最好办法是进行代码审查。假定设计阶段提供的概要设计文档和模块详细设计文档是正确的，程序员需要理解自己编程的那些模块的说明和接口要求，有可能出现程序的实现与设计文档不一致的地方，另外，也有程序员自己产生的逻辑错误。及时发现这些不一致和逻辑错误是很重要的。

软件工程的一个原则是：保证代码的正确是一组程序员的共同责任。因此，一组中的各个成员要相互进行设计检查和代码检查（假设这一组既负责设计工作，又负责编程实现）。当一个程序员完成某一部分的模块代码编写后，应该邀请其他几个设计者和程序员对设计文档和代码进行检查。模块的开发者应出示所有文档资料，然后等待其他人的评论、提问和建议。

这种编程方式，称为"无私"编程。每个人都应该认识到软件产品属于整个集体，而不是属于某个程序员。相互检查是为了保证最终产品的质量，不应该根据发现的错误而去责怪程序员。因为所有检查者本身都是设计者或程序员，他们懂得编程技术，他们有能力理解程序，发现其中的错误。他们知道什么代码在程序中值得怀疑，什么代码与程序不相容，什么代码有无副作用。

对于安全性要求高的系统，在整个程序开发期间，管理机构应该强调代码审查制度。严格的设计和代码审查制度能够找出所描述的缺陷与恶意代码。虽然有些程序员可以隐藏其中某些缺陷，但有能力的程序员检查代码时，发现这些缺陷的可能性就增大了。如果模块代码的规模为30～60行，发现各种问题的可能性就更大了。

四、测试控制

程序测试是使程序成为可用产品的至关重要的措施，也是发现和排除程序不安全因素最有用的手段之一。进行程序测试的目的有两个：一个是确定程序的正确性，另一个是排除程序中的安全隐患。

发现程序错误是一件好事情，不能因为发现错误就作为批评程序员的依据，更不应该因此对程序员产生不好的印象。为了发现程序错误，需要设计测试数据，每次使用的测试数据称为测试实例。

如果发现了错误，说明测试实例是有效的。为了测试一个程序需要大量的测试实例，而设计测试实例需要设计人员具有很高的技术水平与经验，需要掌握测试理论和测试方法，需要了解程序的模块结构、模块的输入输出参数、程序的数据流与处理流（使用黑盒测试方法）。为了进行更严格的测试，还需要了解模块内部的代码逻辑结构（白盒测试法）。

测试是为了发现更多的程序错误，而不是为了证明程序是正确的，这也是设计测试实例的出发点。如果能发现更多的错误，说明测试是严格的；如果没有发现错误，也不能说程序是正确的，只能说明测试实例无效。根据测试理论，程序测试是有限的，不可能穷尽程序的所有运行状态，但测试实例应该覆盖程序中为实现其处理功能必须运行的状态和可能进入的各种状态。

可能由于思维的"惯性"原因，或因程序员和自己编的程序间关系太密切的缘故，事实证明程序员很难有效地测试自己的程序，不太容易发现自己程序中的错误。有实力的公司可以建立独立的测试小组，当编程任务结束时，程序员提供相应模块的文档资料（包括模块设计资料和代码），测试小组开始设计测试数据。

如果采用黑盒测试技术，则不需要涉及源程序；如果采用白盒测试技术，则需要参照源代码。测试过程中，测试小组需要和程序员交流，对测试结果取得一致的解释。测试小组应该根据需求文档和设计文档的功能要求去测试系统，而不是根据程序员个人的说明和要求去测试。如果没有专门的测试小组，只能由程序员相互测试，无论如何都不能由程序员自己测试自己编写的代码。

从安全的角度来讲，由测试小组独立进行测试是值得推荐的，程序员隐藏在程序中的某些东西有可能被独立测试所发现。独立测试对怀有不良意图的程序员是一种有效的威慑。

五、运行维护管理

（一）配置管理的必要性与目标

软件配置管理的目标是保证对所有的系统组成部分，包括软件、设计文件、说明文件、控制文件等正确版本的使用和可获取性，简单地说，配置管理就是强化组织、控制修改和簿记工作。

由于许多原因，一个软件的并行版本会不止一个。例如，一个在市面上流行的软件，可能会有一个已发布的版本、一个程序员刚修改过但还未发布的版本和一个正在开发的增强型版本。又如，一个软件可能运行在三种操作系统上的版本，每次当一个模块修改后，必须对所有其他操作系统上的版本进行修改，然后进行测试。对一种版本的修改，还要求修改这个版本的其他部分，因此对每个版本，都有一个正在修改的版本和一个发行的版本。对这些不同的版本以及对它们所做的修改，必须加以记录与控制。

如果程序是由多个程序员共同编制的，当一个程序员修改了一个模块后，必须通知其他程序员，因为这个模块可能影响其他模块。编写程序的人不能任意修改程序，即使修改是为了更改已经发现的错误也不行。

通常程序员应该保留更正后的那个程序拷贝，等待统一的更新周期到来、在此期间程序员将完成对程序的所有修改，并重新测试整个系统。每个程序都有静态版本和工作版本。随着系统开发的进展，就有在不同阶段测试或者与其他模块结合的不同静态版本。

根据上述情况，配置管理应达到以下目的：（1）避免无意丢失（删除）某个程序的某个版本；（2）管理一个程序或几个类似版本的并行开发；（3）提供用于控制相互结合构成一个系统的模块的共享设施。

这些目标可通过管理源程序、目标代码和文件的系统方法来达到。配置管理也需要相应的软件工具支持，该工具应该提供详细的记录，使每个人可以知道每个版本的拷贝存放在哪里，这个版本与其他版本有什么不同的特征。在正规的软件公司中，通常指定一个或多个管理专家来完成这项任务。

通常一个程序员在某个时间停止对一个模块的修改，将控制交给配置管理系统，程序员不再有权力和能力来修改这个版本。从这时起，对软件的所有修改都由配置管理部门监督进行，配置管理部门要审查所有修改请求的必要性、正确性，以及对其他模块产生的潜在影响。

（二）配置管理的安全作用

在运行维护阶段利用配置管理机构，既可以防止非故意的威胁，又可以防止恶意威胁。采用配置管理机构可以有效地保护程序和文件的完整性，因为所有的修改都必须在获取配置管理机构同意后才能进行，管理机构对所有修改的副作用都做了认真的评估。配置管理系统保留了程序的所有版本，可以追踪到任何错误的修改。

由于配置管理的严格控制，一旦一个检查过的程序被接受且被用于系统后，程序员就不能再偷偷摸摸地进行小而微妙的更改，不可能再在程序中做手脚。程序员只能通过配置管理部门来访问正式运行的产品程序，这样就能在软件运行维护阶段堵住恶意代码的侵入。

为了防止源代码的版本与目标代码文件的版本不一致，配置管理部门只在源程序级别上接受对程序的修改。尽管程序员已经编译并测试了这个程序且可以提供目标代码，而配置部门只允许在源程序中插入语句、删除和代换。配置部门保存原始的源程序及产生各个版本的单个修改指令。当需要产生一个新版本时，配置管理部门建立一个暂时用于编译的源程序副本。对每次修改都精确记录修改时间和修改者姓名。

六、行政管理控制

行政管理控制应在软件工程的各个阶段实施，行政管理控制是为了保证软件开发按严格的规范完成。行政管理控制的主要内容包括标准的制定、标准的实施、人员的管理与教育。

（一）制定程序开发标准

程序开发必须遵照严格的软件开发规范。程序开发不仅要考虑正确性，还需要考虑与其他程序的兼容性和可维护性等方面的需要。作为一个正规的软件开发单位，应该制定一些标准，规范每个程序员的行动，下面是一些需要制定的标准。

（1）设计标准，包括专用设计工具、语言和方法的使用。

（2）文件、语言和编码格式标准，如规定一页中代码的格式、变量的命名规则，使用可识别的程序结构等。

（3）编程标准，包括规定强制性的程序员间对等检查、进行周期性的代码审核，以便确保程序的正确性和与标准的一致性。

（4）测试标准、规定使用何种测试方法和程序验证技术，以及对测试结果存档的要求，以备今后查询。

（5）配置管理标准，规定配置管理的内容与要求，控制对成型或已完成的程序单元的访问和更改。

建立这套标准的作用，除了可以规范程序员的开发过程外，还可以建立一个公用框架，使得任何一个程序员可以随时帮助或接替另一个程序员的工作。这些标准有助于软件的维护，因为程序员可以得到清晰可读的源程序和其他维护信息。

（二）控制标准的实施

制定标准容易，执行标准难，造成这种现象的原因：一是标准往往和程序员的习惯不一致、执行标准增加了工作的负担；二是往往因为时间紧、任务重，放松了对开发标准的要求，强调项目的完成而不是遵循已经建立的标准。

承诺要遵循软件开发标准的公司通常要进行安全审计。在安全审计中，一个独立的安全评价小组以不声张的方式来检查每一个项目。这个小组检查设计、文件和代码，判断这些结果是否遵守了有关标准。只要坚持进行这种常规检查，恶意程序员就不敢在程序中放入可疑代码。

（三）人员的管理与使用

一个软件开发部门要想在开发安全程序方面有很高的声誉，它的人员素质是非常重要的。首先，计算机公司在招聘人才时，应该对招聘对象的背景进行必要的调查，对有劣迹的人要慎重对待。对一个新职员的信任需要较长时间的使用才能确认，随着对职员信任度的增加，公司才可以逐步放宽对其访问权限的限制。其次，对公司的职员要经常进行职业道德和遵纪守法方面的教育，使他们了解有关计算机安全法律和违法造成的后果。

在安排项目开发任务时，应该分别设置设计组、编程组和测试组，每个组都由几个人组成，各个组完成不同的任务。根据银行的经验，把一个任务分为两个或更多的部分，由不同的职员合作完成。在需要别人合作才能完成任务的情况下，这些职员很少打坏主意。

在程序设计中，可以借用这种经验，把一个程序的不同模块分配给不同的程序员编程，程序员之间必须合谋才能在程序中加入非法代码。设置不包含编程人员的独立测试小组，将对模块进行严格的测试，使程序中包含非法代码的可能性更小，这一举措可以保证程序具有更高的安全性。

程序系统安全是网络信息系统安全的重要环节。程序系统安全方面的脆弱性主要是由程序中的各种缺陷或恶意代码造成的。对于程序中的缺陷，可以通过提高程序员的编程技术水平和提高测试强度进行检测与防范；对于程序中的恶意代码，则需要通过对模块的源代码进行对等检查（程序员之间互相检查）和独立测试（由专门的测试小组测试），以便及时发现。为了让人们掌握可信软件的开发方法，要严格控制对已经正式运行的软件的修改，这样才可以防止在正式软件中增加恶意功能。

第三章　计算机信息网络安全的防护技术

本章讲述的是计算机信息网络安全的防护技术，主要从以下几方面进行具体论述，分别为数字加密技术与认证、防火墙技术和计算机病毒的防治技术三部分内容。

第一节　数字加密技术与认证

一、加密技术概述

（一）密码体制的模型

在密码学中，一个密码体制或密码系统是指由明文、密文、密钥、加密算法和解密算法所组成的五元组。

明文是指未经过任何变换处理的原始消息，通常用 m（message）或 p（plaintext）表示。所有可能的明文有限集组成明文空间，通常用 M 或 P 表示。

密文是指明文加密后的消息，通常用 c（ciphertext）表示。所有可能的密文有限集组成密文空间，通常用 C 表示。

密钥是指进行加密或解密操作所需的秘密 / 公开参数或关键信息，通常用 k（key）表示。所有可能的密钥有限集组成密钥空间，通常用 K 表示。

加密算法是指在密钥的作用下将明文消息从明文空间映射到密文空间的一种变换方法，该变换过程称为加密，通常用字母 E 表示，即 $c=E_K(m)$。

解密算法是指在密钥的作用下将密文消息从密文空间映射到明文空间的一种变换方法，该变换过程称为解密，通常用字母 D 表示，即 $m=D_k(C)$。

如图 3-1-1 所示，为一种最基本的密码体制模型。在对称密码体制中，加密密钥 k，和解密密钥 k 是相同的，或者虽然两者不相同，但已知其中一个密钥就能很容易地推出另一个密钥。在通常情况下，加密算法是解密算法的逆过程或逆函数。而在非对称密码体制中，作为公钥的加密密钥 K，和作为私钥的解密密钥 K，在本质上是完全不相同的，已知其中一个密钥推出另一个密钥在计算上是不可行的，并且解密算法一般不是加密算法的逆过程或逆函数。

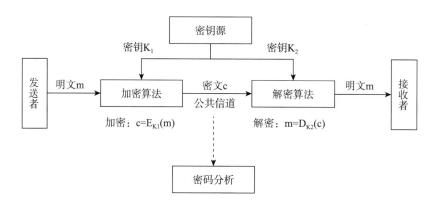

图 3-1-1　密码体制的基本模型

（二）密码体制的分类

密码体制是指实现加密和解密功能的密码方案，从密钥使用策略上，可分为对称密码体制和非对称密码体制两类，非对称密码体制也被称为公钥密码体制。

1. 对称密码体制

在对称密码体制中，由于加密密钥 K 和解密密钥 K，是相同的，或者虽然两者不相同，但已知其中一个密钥就能很容易地推出另一个密钥，因此消息的发送者和接收者必须对所使用的密钥完全保密，不能让任何第三方知道。对称密码体制又称为秘密密钥体制、单钥密码体制或传统密码体制。按加密过程对数据的处理方式，它可以分为分组密码和序列密码两类，经典的对称密码算法有 AES、DES、RC4 和 A5 等。

（1）对称密码体制的优点

加密和解密的速度都比较快，具有较高的数据吞吐率，不仅软件能实现较高的吞吐量，而且还适合于硬件实现，使硬件加密和解密的处理速度更快；对称密码体制中所使用的密钥相对较短；密文的长度往往与明文长度相同。

（2）对称密码体制的缺点

①密钥分发需要安全通道，发送方如何安全、高效地把密钥送到接收方是对称密码体制的软肋，对称密钥的分发过程往往很繁琐，需要付出的代价较高。

②密钥量大，难于管理。多人用对称密码算法进行保密通信时，其密钥量的增长会按通信人数二次方的方式增长，导致密钥管理变得越来越复杂。例如，n个人使用对称密码体制相互通信，总共需要 C2 个密钥，每个人拥有 $n-1$ 个密钥，当 n 较大时，将极大地增加密钥管理（包括密钥的生成、使用、存储、备份、存档、更新等）的复杂性和难度。

③难以解决不可否认性问题。因为通信双方拥有相同的密钥，所以接收方可以否认接收某消息，发送方也可以否认发送过某消息，即对称密码体制很难解决鉴别认证和不可否认性的问题。

2. 非对称密码体制

在非对称密码体制中，加密密钥和解密密钥是完全不同的，一个是对外公开的公钥，可以通过公钥证书进行注册公开；另一个是必须保密的私钥，只有拥有者才知道。不能从公钥推出私钥，或者说从公钥推出私钥在计算上是不可行的。非对称密码体制又称为双钥密码体制或公开密钥密码体制。典型的非对称密码体制有 RSA、ECC、Rabin、Elgamal 和 NTRU 等。

非对称密码体制主要是为了解决对称密码体制中难以解决的问题而提出的，一是解决对称密码体制中密钥分发和管理的问题；二是解决不可否认性的问题。由此可知，非对称密码体制在密钥分配和管理、鉴别认证、不可否认性等方面具有重要意义。

对称密码体制主要用于信息的保密，实现信息的机密性。而非对称密码体制不仅可用来对信息进行加密，还可以用来对信息进行数字签名。在非对称密码体制中，任何人可用信息接收者的公钥对信息进行加密，信息接收者则用自己的私钥进行解密。而在数字签名算法中，签名者用自己的私钥对信息进行签名，任何人可用他相应的公钥验证其签名的有效性。因此，非对称密码体制不仅可保障信息的机密性，还具有认证和抗否认性的功能。

（1）非对称密码体制的优点

①密钥的分发相对容易。在非对称密码体制中，公钥是公开的，而用公钥加密的信息只有对应的私钥才能解密。所以，当用户需要与对方发送对称密钥时，只需利用对方公钥加密这个密钥，而这个加密信息只有拥有相应私钥的对方才能解密，得到所发送来的对称密钥。

②密钥管理简单。每个用户只需保存好自己的私钥，对外公布自己的公钥，则 n 个用户仅需产生 n 对密钥，即密钥总量为 $2n$。当 n 较大时，密钥总量的增长是线性的，而每个用户管理密钥个数始终为一个。

③可以有效地实现数字签名。这是因为消息签名的产生来自用户的私钥，其验证使用了用户的公钥，由此可以解决信息的不可否认性问题。

（2）非对称密码体制的缺点

与对称密码体制相比，非对称密码体制加密、解密速度较慢；在同等安全强度下，非对称密码体制要求的密钥长度要长一些；密文的长度往往大于明文的长度。

无论是对称密码体制还是非对称密码体制，在设计和使用时必须遵守柯克霍夫原则：即使密码系统的任何细节已为人悉知，只要密钥未泄露，就应该是安全的。柯克霍夫原则也称为柯克霍夫假设或柯克霍夫公理，它主要阐述了关于密码分析的一个基本假设，任何一个密码系统的安全性不应取决于不易改变的算法，而应取决于密钥的安全性，只要密钥是安全的，则攻击者就无法从密文推导出明文。

（三）密码体制的评价

1. 密码算法的评价标准

随着现代密码学的发展，对密码算法的评价虽然没有统一的标准，但从最近的美国国家标准与技术研究院（NIST）对 AES 候选算法的选择标准来看，对密码算法的评价标准主要集中在以下几个方面：

（1）安全性：安全是最重要的评价因素。

（2）计算的效率：即算法的速度，算法在不同的工作平台上的速度都应该考虑到。

（3）存储条件：对 RAM 和 ROM 的要求。

（4）软件和硬件的适应性：算法在软件和硬件上都应该能够被有效地实现。

（5）简洁性：要求算法容易实现。

（6）适应性：算法应与大多数的工作平台相适应，能在广泛的范围内应用，具有可变的密钥长度。

也可以概括性地认为密码算法评价的标准分为安全、费用和算法的实施特点三大类。其中，安全包括坚实的数学基础，以及与其他算法相比较的相对安全性等；费用包括在不同平台的计算速度和存储必备条件；算法的实施特点包括软件和硬件的适应性、算法的简洁性，以及与各种平台的适应性、密钥的灵活性等。

2. 安全密码体制的性质

安全性对密码体制尤为重要，从前面密码体制的攻击可以看到，一个安全的密码体制应该具有的性质包括：从密文恢复明文应该是难的，即使分析者知道明文空间（如明文是英文）；从密文计算出明文部分信息应该是难的；从密文探测出简单却有用的事实应该是难的，如相同的信息被发送了两次。

3. 密码体制攻击的结果

从密码分析者对一种密码体制攻击的效果来看，它可能达到以下结果。

（1）完全攻破：密码分析者找到了相应的密钥，从而对任意用同一密钥加密的密文恢复出对应的明文。

（2）部分攻破：密码分析者没有找到相应的密钥，但对于给定的密文，敌手能够获得明文的特定信息。

（3）密文识别：如对于两个给定的不同明文及其中一个明文的密文，密码分析者能够识别出该密文对应于哪个明文，或者能够识别出给定明文的密文和随机字符串。如果一个密码体制使得敌手不能在多项式时间内识别密文，这样的密码体制称为达到了语义安全。

（四）评价密码体制的途径

评价密码体制安全性有不同的途径，包括无条件安全性、计算安全性、可证明安全性。

1. 无条件安全性

如果密码分析者具有无限的计算能力，密码体制也不能被攻破，那么这个密码体制就是无条件安全的。例如，只有单个的明文用给定的密钥加密，移位密码和代换密码都是无条件安全的。一次一密加密对于唯密文攻击是无条件安全的，因为敌手即使获得很多密文信息，具有无限的计算资源，仍然不能获得明文的任何信息。如果一个密码体制对于唯密文攻击是无条件安全的，则称该密码体制具有完善保密性。如果明文空间是自然语言，所有其他的密码系统在唯密文攻击中都是可破的，因为只要简单地一个接一个地去试每种可能的密钥，并且检查所得明文是否都在明文空间中。这种方法称为穷举攻击。

2. 计算安全性

密码学更关心在计算上不可破译的密码系统。如果攻破一个密码体制的最好算法用现在或将来可得到的资源都不能在足够长的时间内破译，这个密码体制被认为在计算上是安全的。目前还没有任何一个实际的密码体制被证明是计算上安全的，因为我们知道的只是攻破一个密码体制的当前的最好算法，也许还存在一个我们现在还没有发现的更好的攻击算法。实际上，密码体制对某一种类型的攻击（如穷举攻击）在计算上是安全的，但对其他类型的攻击可能在计算上是不安全的。

3. 可证明安全性

另一种安全性度量是把密码体制的安全性归约为某个经过深入研究的数学难题。例如，如果给定的密码体制是可以破解的，那么就存在一种有效的方法解决大数的因子分解问题，而因子分解问题目前不存在有效的解决方法，于是称该密码体制是可证明安全的，即可证明攻破该密码体制比解决大数因子分解问题更难。可证明安全性只是说明密码体制的安全与一个问题是相关的，并没有证明密码体制是安全的。可证明安全性有时候也被称为归约安全性。

二、数字证书与认证技术的安全防护

（一）数字证书概述

1.数字证书的概念

数字证书又称为数字标识，它提供了一种在网络上验证身份的方式，是用来标志和证明网络通信双方身份的数字信息文件，与我们日常生活中的身份证相似。在网上进行电子商务活动时，交易双方需要使用数字证书来表明自己的身份，并使用数字证书来进行有关的交易操作。通俗地讲，数字证书就是个人或单位在网络通信中的身份证。数字证书将身份绑定到一对可以用来加密和签名数字信息的电子密钥，它能够验证一个人使用给定密钥的权利，这样有利于防止利用假密钥冒充其他用户的人。数字证书与加密一起使用，可以提供一个更加完整的信息安全技术方案，确保交易中各方的身份。

数字证书是由权威公正的第三方机构即 CA 中心（证书授权中心）签发的，以数字证书为核心的加密技术、可以对网络上传输的信息进行加密和解密、数字签名和签名验证，保证信息的机密性、完整性，以及交易实体身份的真实性和签名信息的不可否认性，从而保障网络应用的安全性。数字证书体系采用公开密码体制，即利用一对互相匹配的密钥进行加密、解密。每个用户拥有一把仅为本人所掌握的私有密钥（私钥），用它进行解密和签名；同时拥有一把公开密钥（公钥），用于加密和验证签名。当发送一份保密文件时，发送方使用接收方的公钥对数据加密，而接收方则使用自己的私钥解密，这样，信息就可以安全无误地到达目的地。即使被第三方截获，由于其没有相应的私钥，也无法进行解密。

2.数字证书的主要功能

（1）文件加密

通过使用数字证书对信息进行加密来保证文件的保密性，采用基于公钥密码体制的数字证书能很好地解决网络文件的加密通信。

（2）数字签名

数字证书可以用来实现数字签名，以防止他人篡改文件，保证文件的正确性、完整性、可靠性和不可抵赖性。

（3）身份认证

利用数字证书实现身份认证可以解决网络上的身份验证，能很好地保障电子商务活动中的交易安全问题。

3.数字证书的分类

目前，X.509标准已在编排公共密钥格式方面被广泛接受，已用于许多网络安全应用程序，其中包括IP安全（IPSec）、安全套接层（SSL）、安全电子交易（SET）、安全多媒体INTERNET邮件扩展（S/MIME）等。数字证书按申请者的类型可分为以下几种。

（1）个人数字证书

这种证书中包含个人身份信息和个人公钥，用于标识证书持有者的个人身份。在某些情况下，服务器可能在建立SSL连接时要求客户提供个人证书来证实客户身份。为了取得个人证书，用户可向某一机构申请授权，机构经过审查后决定是否向用户颁发证书。

（2）企业数字证书

企业身份证书申请者为企事业单位，证书中包含证书持有者的企业身份信息、公钥及证书颁发机构（CA）的签名，在网络通信中标识证书持有者的企业身份，并且保证信息在互联网传输过程中的安全性和完整性。企业身份证书主要应用于企业对外的网络业务中的身份识别、信息加密及数字签名等。

（3）服务器证书

这种证书证实服务器的身份和公钥。它主要用于网站交易服务器的身份识别，使得连接到服务器的用户确信服务器的真实身份，目的是保证客户和服务器之间交易、支付时确保双方身份的真实性、安全性、可信任性等。

（4）安全邮件数字证书

安全邮件数字证书中包含用户的邮箱地址信息，用于电子邮件的身份识别、邮件的数字签名、加密。在发送电子邮件过程中，使用安全邮件证书，可以对电子邮件的内容和附件进行加密，确保在传输的过程中不被他人阅读、截取和篡改；在接收方，使得接收方可以确认该电子邮件是由发送方发送的，并且在传送过程中未被篡改。

（5）安全 Web 站点证书

安全 Web 站点证书中包含 Web 站点的基本信息、公钥和 CA 机构的签名，凡是具有网址的 Web 站点均可以申请使用该证书，主要和网站的 IP 地址、域名绑定，可以保证网站的真实性和不被人仿冒。

（6）安全代码证书

代码签名证书是 CA 中心签发给软件提供商的数字证书，包含软件提供商的身份信息、公钥及 CA 的签名。代码签名证书的使用，对于用户来说，用户可以清楚了解软件的来源和可靠性，增强了用户使用 Internet 获取软件的决心。万一用户下载的是有害软件，也可以根据证书追踪到软件的来源。对于软件提供商来说，使用代码签名证书，其软件产品更难以被仿造和篡改，增强了软件提供商与用户之间的信任度和软件商的信誉。

一般来说，数字证书主要包括三方面的内容：证书所有者的信息、证书所有者的公开密钥和证书颁发机构的签名。数字证书的格式一般采用 X.509 国际标准。目前的数字证书类型主要包括：个人数字证书、单位数字证书、单位员工数字证书、服务器证书、VPN 证书（国内互联网虚拟专用网业务许可证）、WAP 证书（用户身份凭证）、代码签名证书和表单签名证书。

目前，数字证书主要用于发送安全电子邮件、访问安全站点、网上证券、网上招标采购、网上签约、网上办公、网上缴费、网上税务等网上安全电子事务处理和安全电子交易活动。

4. 证书与证书授权中心

CA 机构作为电子商务交易中受信任的第三方，承担公钥体系中公钥的合法性检验的责任。CA 中心为每个使用公开密钥的用户发放一个数字证书，数字证书的作用是证明证书中列出的用户合法拥有证书中列出的公开密钥。CA 机构的数字签名使得攻击者不能伪造和篡改证书。它负责产生、分配并管理所有参与网上交易的个体所需的数字证书，因此是安全电子交易的核心环节。

由此可见，建设证书授权（CA）中心，是开拓和规范电子商务市场必不可少的一步。为保证用户之间在网上传递信息的安全性、真实性、可靠性、完整性和不可抵赖性，不仅需要对用户的身份真实性进行验证，也需要有一个具有权威性、公正性、唯一性的机构，负责向电子商务的各个主体颁发并管理符合国内、国际安全电子交易协议标准的电子商务安全证书。

CA 是整个网上电子交易安全的关键环节。它主要负责产生、分配并管理所有参与网上交易的实体所需的身份认证数字证书。每一份数字证书都与上一级的数字签名证书相关联，最终通过安全链追溯到一个已知的并被广泛认为是安全、权威、足以信赖的机构——根认证中心（根 CA）。

电子交易的各方都必须拥有合法的身份，即由数字证书认证中心机构（CA）签发的数字证书，在交易的各个环节，交易的各方都需检验对方数字证书的有效性，从而解决了用户信任问题。CA 涉及电子交易中各交易方的身份信息、严格的加密技术和认证程序。基于其牢固的安全机制，CA 应用可扩大到一切有安全要求的网上数据传输服务。

数字证书认证解决了网上交易和结算中的安全问题，其中包括建立电子商务各主体之间的信任关系，即建立安全认证体系（CA）；选择安全标准（如 SET、SSL）；采用高强度的加 / 解密技术。其中安全认证体系的建立是关键，它决定了网上交易和结算能否安全进行，因此，数字证书认证中心机构的建立对电子商务的开展具有非常重要的意义。

认证中心（CA），是电子商务体系中的核心环节，是电子交易中信赖的基础。它通过自身的注册审核体系，检查核实进行证书申请的用户身份和各项相关信息，使网上交易的用户属性客观真实性与证书的真实性一致。认证中心作为权威的、可信赖的、公正的第三方机构，专门负责发放并管理所有参与网上交易的实体所需的数字证书。

概括地说，认证中心（CA）的功能有：证书发放、证书更新、证书撤销和证书验证。CA 的核心功能就是发放和管理数字证书。

认证中心为了实现其功能，主要由以下三部分组成：

（1）注册服务器：通过 Web Server（网页服务器）建立的站点，可为客户提供每日 24 小时的服务。因此客户可在自己方便的时候在网上提出证书申请和填写相应的证书申请表，免去了排队等候等烦恼。

（2）证书申请受理和审核机构：负责证书的申请和审核。它的主要功能是接受客户证书申请并进行审核。

（3）认证中心服务器：是数字证书生成、发放的运行实体，同时提供发放证书的管理、证书废止列表（CRL）的生成和处理等服务。

5. 数字证书的安全防护应用

数字安全证书主要应用于电子政务、网上购物、企业与企业的电子贸易、安全电子邮件、网上证券交易、网上银行等方面。CA 中心还可以与企业代码证中心合作，将企业代码证和企业数字安全证书一体化，为企业网上交易、网上报税、网上报关、网上作业奠定基础，免去企业面对众多的窗口业务的苦累。

（1）网上交易

利用数字安全证书的认证技术，对交易双方进行身份确认以及资质的审核，确保交易者信息的唯一性和不可抵赖性，保护了交易各方的利益，实现安全交易。

（2）网上办公

网上办公系统综合国内政府、企事业单位的办公特点，提供了一个虚拟的办公环境，并在该系统中嵌入数字认证技术，通过网络联结各个岗位的工作人员，通过数字安全证书进行数字加密和数字签名，实行跨部门运作，实现安全便捷的网上办公。

（3）网上招标

以往的招投标受时间、地域、人文的影响，存在着许多弊病，例如外地投标者的不便、招投标各方的资质，以及招标单位和投标单位之间存在的猫腻关系。而实行网上的公开招投标，经贸委利用数字安全证书对企业进行身份确认，招投标企业只有在通过经贸委的身份和资质审核后，才可在网上展开招投标活动，从而确保了招投标企业的安全性和合法性，双方企业通过安全网络通道了解和确认对方的信息，选择符合自己条件的合作伙伴，确保网上的招投标在一种安全、透明、信任、合法、高效的环境下进行。通过该网上招投标系统，使企业能够制定正确的投资取向，根据自身的实际情况，选择合适的合作者。

（4）网上报税

利用基于数字安全证书的用户身份认证技术对网上报税系统中的申报数据进行数字签名，确保申报数据的完整性，确认系统用户的真实身份和申报数据的真实来源，防止出现抵赖行为和他人伪造篡改数据；利用基于数字安全证书的安全通信协议技术，对网络上传输的机密信息进行加密，可以防止商业机密或其他敏感信息泄露。

（5）安全电子邮件

邮件的发送方利用接收方的公开密钥对邮件进行加密，邮件接收方用自己的私有密钥解密，确保了邮件在传输过程中信息的安全性、完整性和唯一性。

（二）认证技术对网络信息的安全防护

身份认证技术是在计算机网络中确认操作者身份而使用的技术。

计算机网络世界中一切信息包括用户的身份信息都是用一组特定的数据来表示的，计算机只能识别用户的数字身份，所有对用户的授权也是针对用户数字身份的授权。

如何保证以数字身份进行操作的操作者就是这个数字身份的合法拥有者，即保证操作者的物理身份与数字身份相对应，这就是身份认证技术所需要解决的问题。作为防护网络资产的第一道关口，身份认证起着举足轻重的作用。数字签名和鉴别技术的一个最主要的应用领域就是身份认证。

身份认证技术是在计算机网络中确认操作者身份的过程而产生的解决方法。计算机网络世界中一切信息包括用户的身份信息都是用一组特定的数据来表示的，计算机只能识别用户的数字身份，所有对用户的授权也是针对用户数字身份的授权。如何保证以数字身份进行操作的操作者就是这个数字身份合法拥有者，也就是说保证操作者的物理身份与数字身份相对应，身份认证技术就是为了解决这个问题，作为防护网络资产的第一道关口，身份认证有着举足轻重的作用。网络用户的身份认证可以通过3种基本途径之一或它们的组合来实现：所知个人所掌握的密码、口令等；所有个人的身份认证、护照、信用卡、钥匙等；个人特征人的指纹、声音、笔记、手型、血型、视网膜、DNA以及个人动作方面的特征等。

下面是几种常见的认证形式。

1.静态密码

用户的密码是由用户自己设定的。在网络登录时输入正确的密码，计算机就认为操作者就是合法用户。实际上，由于许多用户为了防止忘记密码，经常采用诸如生日、电话号码等容易被猜测的字符串作为密码，或者把密码抄在纸上放在一个自认为安全的地方，这样很容易造成密码泄露。如果密码是静态的数据，在验证过程中需要在计算机内存中和网络中传输，而每次验证使用的验证信息都是相同的，很容易被驻留在计算机内存中的木马程序或网络中的监听设备截获。因此，静态密码机制无论是使用还是部署都非常简单，但从安全性上讲，用户名密码方式是一种不安全的身份认证方式。这种认证形式的优点是方法简单；缺点是用户采用的密码一般较短，且容易猜测，容易受到口令猜测攻击；口令的明文传输使得攻击者可以通过窃听通信信道等手段获得用户口令；加密口令还存在加密密钥的交换问题。

2. 智能卡

智能卡又称 IC 卡。智能卡于 1970 年由法国人 Roland Moreno（罗兰·莫雷诺）发明，同年，日本发明家 Kunitaka Arimura（有村国孝）取得了首项智能卡的专利。智能卡是一个或多个集成电路芯片组成并封装成便于人们携带的卡片，已经在电信、交通、银行、医疗等行业及部门广泛应用。

智能卡认证是通过智能卡硬件的不可复制性来保证用户身份不会被仿冒的。然而由于每次从智能卡中读取的数据是静态的，通过内存扫描或网络监听等技术还是很容易截取到用户的身份验证信息，因此仍存在安全隐患。

3. 生物识别技术

生物统计学正在成为个人身份认证技术中最简单且安全的方法，它利用个人的生理特征来实现对个人身份的认证。由于个人生理特征具有唯一性、便携性、难丢失、难伪造的特点，因此非常适合用于个人身份认证。目前，基于生物特征识别的身份认证技术主要有指纹识别技术、语音识别技术、视网膜图样识别技术、虹膜图样识别技术以及脸型识别技术等。

不过，生物特征认证是基于生物特征识别技术的，受到目前生物特征识别技术成熟度的影响，采用生物特征认证还具有较大的局限性：首先，生物特征识别的准确性和稳定性还有待提高；其次，由于研发投入较大而产量较小的原因，生物特征认证系统的成本非常高。

4. 单因子和双因子身份认证

单因子也称单向认证，它是指仅通过一个条件来认证一个人的身份的技术。若李四和张三在网上通信时，李四只需要认证张三的身份即可，李四需要获取张三的数字证书，方法有两种：一种是在通信时由张三直接将证书传送给李四；另一种是李四向认证服务器 CA 机构的目录服务器检索下载。当李四获得张三的数字证书后，首先用 CA 机构的根证书的公钥来验证该证书的签名，验证通过则说明该证书是第三方 CA 机构签发的合法证书，然后检查证书的使用期限和有效性。

所谓双因子就是将两种认证方法结合起来，进一步加强认证的安全性，目前使用最为广泛的双因素有：动态口令牌 + 静态密码、USB Key+ 静态密码、二层静态密码等。

5.USB Key

U-Key（USB Key）是一种 USB 接口的硬件存储设备。USB Key 的模样跟普通的 U 盘差不多，不同的是它里面存放了单片机或智能卡芯片，USB Key 有一定的存储空间，可以存储用户的私钥以及数字证书，利用 USB Key 内置的公钥算法芯片可以自动产生公私密钥对，实现对用户身份的认证。

基于 USB Key 的身份认证技术是近几年发展起来的一种方便、安全、经济的身份认证技术，它采用软硬件相结合的一次一密的强双因子认证模式，很好地解决了安全性与易用性之间的矛盾。最典型的应用例子就是我国各银行网上银行用的 U-Key。

6. 动态口令

动态口令技术是一种让用户的密码按照时间或使用次数不断动态变化，每个密码只使用一次的技术。它采用一种称之为动态令牌的专用硬件，内置电源、密码生成芯片和显示屏，密码生成芯片运行专门的密码算法，根据当前时间或使用次数生成当前密码并显示在显示屏上。认证服务器采用相同的算法计算当前的有效密码。用户使用时只需要将动态令牌上显示的当前密码输入客户端计算机，即可实现身份的确认。由于每次使用的密码必须由动态令牌来产生，只有合法用户才持有该硬件，所以只要密码验证通过就可以认为该用户的身份是可靠的。而用户每次使用的密码都不相同，即使黑客截获了一次密码，也无法利用这个密码来仿冒合法用户的身份。

动态口令技术采用一次一密的方法，有效地保证了用户身份的安全性。但是如果客户端硬件与服务器端程序的时间或次数不能保持良好的同步，就可能发生合法用户无法登录的问题。并且用户每次登录时还需要通过键盘输入一长串无规律的密码，一旦看错或输错就要重新来过，用户使用非常不方便。

7. 短信密码

短信密码以手机短信形式请求包含 6 位随机数的动态密码，身份认证系统以短信形式发送随机的 6 位密码到客户的手机上。客户在登录或者交易认证时输入此动态密码，从而确保系统身份认证的安全性。

短信密码具有以下优点。

（1）安全性

由于手机与客户绑定比较紧密，短信密码生成与使用场景是物理隔绝的，因此密码在通路上被截取概率降至最低。

（2）普及性

使用者只要会接收短信即可使用，大大降低短信密码技术的使用门槛，学习成本几乎为零，所以在市场接受度上不会存在阻力。

（3）易收费

由于移动互联网用户长期以来已养成了付费的习惯，这是和 PC 互联网时代截然不同的理念，而且收费通道非常发达。网银、第三方支付、电子商务可将短信密码作为一项增值业务，每月通过 SP 收费不会有阻力，因此也可增加收益。

（4）易维护

由于短信网关技术非常成熟，大大降低了短信密码系统上马的复杂度和风险，短信密码业务后期客服成本低。稳定的系统在提升安全性的同时也营造了良好的口碑效应。这也是目前银行业大量采纳这项技术很重要的原因。

三、基于口令的身份认证

身份认证是建立安全通信环境的前提条件，只有通信双方相互确认对方身份后才能通过加密等手段建立安全信道、同时它也是授权访问（基于身份的访问控制）和审计记录等服务的基础，因此身份认证在网络信息安全中占据着十分重要的位置。这些协议在解决分布式，尤其是开放环境中的信息安全问题时起到非常重要的作用。

（一）身份认证概述

身份认证的目的在于对通信中某一方的身份进行标识和验证。其方法主要是验证用户所拥有的可被识别的特征。一个身份认证系统一般由以下几个部分组成：一方是提出某种申请要求，需要被验证身份的人；另一方是验证者，验证申请者身份的人；第三方是攻击者，可以伪装成通信中的任何一方，或者对消息进行窃取等攻击的人。与此同时，在某些认证系统需要引入第四方，即可信任的机构作为仲裁或调解机构。

现实世界中的身份认证可以通过出示带相片的身份证件来完成，某些特殊的区域可能还使用指纹或虹膜等生物特征对进出人员的身份进行确认。不管用什么方法，身份认证机制就是将每个人的身份标识出来，并确认其身份的合法性。

在计算机系统中，传统的物理身份认证机制并不适用，其身份认证主要通过口令和身份认证协议来完成。在计算机网络通信中，身份认证就是用某种方法来证明正在被鉴别的用户身份是合法的授权者。

口令技术由于其简单易用，因此成为目前一种常用的身份认证技术。使用口令技术存在的最大隐患就是口令的泄露问题。口令泄露可以有多种途径，如登录时被他人窥视、攻击者从计算机存放口令的文件中获取、口令被在线攻击者破解，也可能被离线攻击者破解。

由于基于口令的认证方法存在较大的问题，因此在网络环境中、常使用身份认证协议来鉴别通信中的对方是否合法，是否与他所声称的身份一致。身份认证协议是一种特殊的通信协议，它定义了参与认证服务的所有通信方在身份认证过程中需要交换的消息格式、消息发生的次序及消息的语义。

使用密码学方法的身份认证协议比传统的基于口令的认证更安全，并能提供更多的安全服务。通过使用各种加密算法，可以对通信过程中的密钥进行很好的保护。在通信过程中，当需要传输用户提供的口令时，这种方法可以将用户口令首先进行加密处理，对加密后的口令进行传输，在接收端再进行相应的解密处理，从而对用户口令或密钥进行很好的保护。

身份认证协议一般有两个通信方，可能还会有一个双方都信任的第三方参与。

其中一个通信方按照协议的规定向另一方或第三方发出认证请求，对方按照协议的规定做出响应，当协议顺利执行完毕时双方应该确信对方的身份。

从使用加密的方法来看，身份认证可分为基于对称密钥的身份认证和基于公钥加密的身份认证。

基于对称密钥的身份认证思想是从口令认证的方法发展而来的。传统检验对方传递来的口令是否合法的做法很简单，口令容易在传递过程中被窃听而泄露。因此在实际网络环境中，必须采用既能够验证对方拥有共同的秘密，又不会在通信过程中泄露该秘密的方法。与此同时，在实际通信过程中，一台计算机可能需要与多台计算机进行身份认证，如果全部采用共享密钥的方式，那么就需要与众多的计算机都建立共享密钥。这样做在大型网络环境中既不经济也不安全，同时大量共享密钥的建立、维护和更新将是非常复杂的。这时需要一个可信赖的第三方来负责完成密钥的分配工作，被称为密钥分发中心（Key Distribution Center，KDC）。在通信开始阶段，通信中的每一方都只与 KDC 有共享密钥，通信双方之间的认证借助 KDC 才能完成。KDC 负责给通信双方创建并分发共享密钥，通信双方获得共享密钥后再使用对称加密算法的协议进行相互之间的身份认证。

基于公钥加密的身份认证协议比基于对称密钥的身份认证能提供更强有力的安全保障、公钥加密算法可以让通信中的各方通过加密、解密运算来验证对方的身份。在使用公钥方式进行身份认证时需要事先知道对方的公钥，因此同样需要一个可信第三方来负责分发公钥。在实际应用中，公钥的分发是采用证书的形式来实现的。证书中含有证书所有人的名字、身份信息、公钥，以及签发机构、签发日期、序列号、有效期等相关数据，并用证书权威机构自己的私钥进行签名。证书被设计存放在目录服务系统中，通信中的每一方都拥有证书权威机构的公钥，可以从目录服务中获得通信对方的证书，通过验证证书权威机构签名可以确认对方证书中公钥的合法性。

与此同时，从认证的方向性来看，可分为相互认证和单向认证。

相互认证用于通信双方的互相确认，同时可进行密钥交换。认证过程中密钥分配是重点。保密性和时效性是密钥交换中的两个重要问题。从机密性的角度来看，为防止假冒和会话密钥的泄露，用户的身份信息和会话密钥等重要信息必须以密文的形式传送。同时，攻击者可以利用重放攻击对会话密钥进行攻击或假冒通信双方中的某一方，密钥的时效性可防止重放攻击的威胁。

常见的重放攻击如下：

（1）简单重放。攻击者简单地复制消息并在此之后重放这条消息。

（2）可检测的重放。攻击者在有效的时限内重放有时间戳的消息。

（3）不可检测的重放。由于原始消息可能被禁止而不能到达接收方，只有通过重放消息才能发送给接收方，此时可能出现这种攻击。

（4）不加修改的逆向重放。如果使用对称密码，并且发送方不能根据内容来区分发出的消息和接收的消息，那么可能出现这种攻击。对于重放攻击，一般可使用以下方式来预防：

（1）序列号。这种方法是为每个需要认证的消息添加一个序列号，新的消息到达后先对序列号进行检查，只有满足正确次序的序列号的消息才能被接收。这种方法存在的一个问题，即通信各方都必须记录最近处理的序列号，而且还必须保持序列号的同步。

（2）时间戳。这种方法是为传送的报文添加时间戳，当系统接收到新的消息时，首先对时间戳进行检查，只有在消息的时间戳与本地时钟足够接近时才认为该消息是一个新的消息。时间戳要求通信各方必须保持时钟的同步。使用时间戳方法存在 3 个问题：第一，通信各方的时间同步需要由某种协议来维持，同时为了能够应对网络的故障和恶意攻击，该协议还必须具有容错性和安全性；第二，如果由于通信一方时钟机制出错，那么攻击者的成功率将大大增加；第三，网络延时的可变性和不可预知性不可能保持各分布时钟精确同步，因此需要申请足够大的时间窗口以适应网络延时，这与小时间窗口的要求是矛盾的。

（3）随机数 / 响应。这种方法是在接收消息前首先要发送一个临时的交互号（随机数），并要求所发送的消息要包含该临时交互号。随机数 / 响应不适合于无连接的应用，因为它要求在任何无连接传输之前必须先握手，这与无连接的特征相违背。

单向认证主要用于电子邮件等应用中。其主要特点在于发送方和接收方不需要同时在线。以电子邮件为例，邮件消息发送到接收方的电子邮箱中，并一直保存在邮箱中，等待接收方阅读邮件。电子邮件的存储转发一般是由 SMTP（简单邮件传输协议）或 X.400 来处理的，因此邮件报头必须是明文形式。但是，用户都希望邮件以密文的形式传输或转发，邮件要能够加密，而且邮件处理系统无法对其进行解密。此外，电子邮件的认证还包括邮件的接收方必须能够确认邮件消息是来自真正的发送方。

（二）基于口令的身份认证具体操作

基于口令的认证方法是传统的认证机制，主要用于用户对远程计算机系统的访问，确定用户是否拥有使用该系统或系统中的服务的合法权限。由于使用口令的方法简单，容易记忆，因此成为一种应用比较广泛的认证技术。基于口令的身份认证一般是单向认证。

常见的使用口令的方法是采用哈希函数对口令进行验证。假设用户 A 想要登录服务器系统 S，这时用户 A 只需向服务器发送服务器分配给他的 IDA 号和口令 PWA，即：

$$A \rightarrow S: ID_A \parallel PWA$$

服务器在收到用户发送过来的信息后，首先将收到的 PW。通过哈希函数 H（·）产生散列值，然后在自己的口令文档或数据库中查找与（IDA,H（PWA））相匹配的记录，如果找到，则认证成功，允许用户使用自己的服务。在这种方法中，为了确定用户是否有合法的权限使用该系统，服务器只要能够区分输入的口令是有效的还是无效的即可，并不需要知道口令本身的内容。因此，即使攻击者通过窃听双方通信或窃取了服务器中的口令列表，得到了 H（PW），也无法假冒用户 A 来进行攻击。

在上述方法中，服务器保存了用户的口令列表，虽然该列表是口令的散列值，但存在着一定的不安全因素。由于用户的口令通常都比较短，因此当攻击者 C 已经获得服务器的口令列表时，可采用以下的方法进行攻击。攻击者 C 可以在本地搜集很多个常用的口令（如 100 万个），然后用哈希函数对这些口令进行计算，得到相应的散列值，将这些结果存储起来。然后将服务器的口令列表和自己存储的文件相比较，得到匹配的数据，这样攻击者 C 就获得了某个或某些用户的口令，这种攻击方式称为字典攻击。

为了消除字典攻击，服务器中建立的口令列表记录可以修改成（ID，salt，H（PW，salt））的形式。ID 表示用户的身份，salt 表示一个随机数，H（PW，salt）表示用户口令和随机数合起来的散列值。

在这种方式中，用户的口令在发送给服务器之前，首先和随机数一起进行散列，产生散列值 H（PW，salt），即：

$$A \rightarrow S: ID_A \parallel salt \parallel PW_A$$

服务器在收到用户的消息后，在自己的口令列表中查找与（IDA，salt，H（PWA，salt））匹配的记录，如果找到，则允许 A 访问自己的服务。

添加 salt 的方法虽然能抵抗字典攻击，但也有一定的安全隐患，即不能抵抗口令窃听的攻击，即攻击者使用各种方法获得用户口令的明文，从而进行相应的攻击。

口令窃听攻击成功的原因，很大一部分在于用户每次登录时总是使用同一个口令。如果用户每次登录都使用不同的"口令"，那么攻击者进行口令窃听攻击成功的概率将大大降低。

还有一种方法称为哈希链方法，在该方法中，服务器首先对用户进行初始化，保存用户最初的口令记录 [ID，n，H_n（PW）]，其中 ID 是用户的身份标识，n 是一个整数，H（·）是哈希函数，H_n（PW）定义为 H_n（PW）=H [H_{n-1}（PW）]，n=1，2，…，即对用户口令 PW 通过哈希函数产生散列值，并将该散列值再通过哈希函数产生新的散列值，以此类推，一共进行规次哈希运算。用户在登录时只需要记住自己的口令 PW，当用户登录到服务器时，服务器会更新所保存的用户记录。

当客户机进行首次口令认证时，客户机对口令 PW 重复计算哈希函数 $n-1$ 次，得到 H_{n-1}（PW）。客户机将计算结果发送给服务器，服务器收到 H_{n-1}（PW）后，再进行一次哈希函数的运算，得到 H_n（PW），并检查新的散列值是否与自己保存的用户记录中的相匹配。如果匹配，则表示认证通过，服务器确定对方就是合法授权的用户。接着，服务器更新所保存的口令记录，用 [ID，$n-1$，H_{n-1}（PW）]

更新 $[ID, n, H_n(PW)]$。

在这种方法中，由于用户发给服务器的口令 PW 通过哈希函数计算后得到 H_n（PW）的次数是不同的，而且哈希函数是单向的，因此攻击者无法从 H_n（PW）中得到有用的信息，即使攻击者通过某种手段获得了服务器所保存的口令列表也无法得到用户的口令 PW。

在基于哈希链的认证方法中，作为计数器的 n 值是变化的，依次递减到 1，当 n 最终减为 1 时，客户机和服务器端需要重新初始化以设置口令。

第二节　防火墙技术

随着因特网的发展，网络的安全性越来越成为网络建设中需要考虑的一个关键因素，企业及组织为确保内部网络及系统的安全，均设置不同层次的信息安全解决机制，而防火墙就是各企业及组织在设置信息安全解决方案中最常被优先考虑的安全控管机制。

一、防火墙概述

（一）防火墙的定义

顾名思义，防火墙是一种隔离设备。防火墙是一种高级访问控制设备，是置于不同网络安全域之间的一系列部件的组合。它是不同网络安全域之间通信流的唯一通道，能根据用户设置的安全策略控制进出网络的访问行为。

从专业角度讲，防火墙是位于两个或多个网络之间，实施网络访问控制的组件集合。从用户角度讲，防火墙就是被放置在用户计算机与外网之间的防御体系，从外部网络发往用户计算机的所有数据都要经过其判断处理后才能决定能否将数据交给计算机，一旦发现数据异常或有害，防火墙就会将数据拦截，从而实现对计算机的保护。

防火墙是网络安全策略的组成部分，它只是一个保护装置，通过检测和控制网络之间的信息交换和访问行为来实现对网络安全的有效管理，其主要目的就是保护内部网络的安全。

防火墙是在两个网络通信时执行的一种访问控制工具，它能允许用户"同意"的人和数据进入用户的网络，同时将用户"不同意"的人和数据拒之门外，最大限度地阻止网络中的黑客来访问用户的网络。换句话说，如果不通过防火墙，公司内部的人就无法访问网络，网络上的人也无法和公司内部的人进行通信。

（二）防火墙的特性和功能

1. 防火墙的特性

防火墙是保障网络安全的一个系统或一组系统，用于加强网络间的访问控制，防止外部用户非法使用内部网络的资源，保护内部网络的设备不被破坏，防止内部网络的敏感数据被窃取。防火墙应具备以下 3 个基本特性。

（1）内部网络和外部网络之间的所有网络数据流都必须经过防火墙

这是防火墙所处网络位置特性，同时也是一个前提。因为只有当防火墙是内、外部网络之间通信的唯一通道时，才可以全面、有效地保护企业内部网络不受侵害。根据美国国家安全局制定的《信息保障技术框架》，防火墙适用于用户网络系统的边界，属于用户网络边界的安全保护设备。网络边界即采用不同安全策略的两个网络的连接处，如用户网络和因特网之间的连接、用户网络和其他业务往来单位的网络连接、用户内部网络不同部门之间的连接等。防火墙的目的就是在网络连接之间建立一个安全控制点，通过允许、拒绝或重新定向经过防火墙的数据流，实现对进、出内部网络的服务和访问的审计与控制。

（2）只有符合安全策略的数据流才能通过防火墙

防火墙最基本的功能是确保网络流量的合法性，并在此前提下将网络的流量快速地从一条链路转发到另外的链路上。原始的防火墙是一台"双穴主机"，即具备两个网络接口，同时拥有两个网络层地址。防火墙将网络上的流量通过相应的网络接口进行接收，按照 OSI 协议栈的 7 层结构顺序上传，在适当的协议层进行访问规则和安全审查，然后将符合通过条件的报文从相应的网络接口送出，而对于那些不符合通过条件的报文则予以阻断。因此，从这个角度上来说，防火墙是一个类似于桥接或路由器的、多端口的（网络接口≥2）转发设备，它跨接于多个分隔的物理网段之间，并在报文转发过程中完成对报文的审查工作。

（3）防火墙自身应具有非常强的抗攻击能力

这是防火墙之所以能担当企业内部网络安全防护重任的先决条件。防火墙处于网络边缘，就像一个边界卫士一样，每时每刻都要面对黑客的入侵，这样就要求防火墙自身要具有非常强的抗击入侵能力。它之所以具有这么强的功能，防火墙操作系统本身是关键，只有自身具有完整信任关系的操作系统才可以保证系统的安全性。同时，防火墙自身具有非常低的服务层次，除了专门的防火墙嵌入系统外，再没有其他应用程序在防火墙上运行。

2. 防火墙的功能

（1）阻止易受攻击的服务进入内部网

一个防火墙（作为阻塞点、控制点）能极大地提高一个内部网络的安全性，并通过过滤不安全的服务而降低风险。由于只有经过精心选择的应用协议才能通过防火墙，因此网络环境变得更安全。例如，防火墙可以禁止诸如不安全的 NFS 协议进出受保护的网络，这样外部的攻击者就不可能利用这些脆弱的协议来攻击内部网络。防火墙同时可以保护网络免受基于路由的攻击，如 IP 选项中的源路由攻击和 ICMP（控制报文协议）重定向中的重定向路径。防火墙应该可以拒绝所有以上类型攻击的报文并通知管理员。

（2）集中安全管理

通过以防火墙为中心的安全方案配置，能将所有安全机制（如口令、加密、身份认证和审计等）配置在防火墙上。与将网络安全问题分散到各个主机上相比，防火墙的集中安全管理更经济。例如，在网络访问时，一次一密口令（OTP）系统和其他的身份认证系统完全可以不必分散在各个主机上，而是集中在防火墙上。

（3）对网络存取和访问进行监控审计

如果所有的访问都经过防火墙，那么防火墙就能记录下这些访问并做出日志记录，同时也能提供网络使用情况的统计数据。当发生可疑动作时，防火墙能进行适当的报警，并提供网络是否受到探测和攻击的详细信息。另外，收集一个网络的正常使用和误用情况也是非常重要的。而网络使用统计对网络需求分析和威胁分析等而言也是非常重要的。

（4）检测扫描计算机的企图

防火墙还可以检测到端口扫描，当计算机被扫描时，防火墙能发出警告，可以通过禁止连接来阻止攻击，可以跟踪和报告进行扫描攻击的计算机 IP 地址。

（5）防范特洛伊木马

特洛伊木马会在计算机上企图打开 TCP/IP 端口，然后连接到外部计算机与黑客进行通信。用户可以指定一个合法通过防火墙的应用程序列表，任何不在列表中的木马程序进行外部通信连接时都会被拒绝。

（6）防病毒功能

现在的防火墙支持防病毒功能，能够扫描电子邮件附件、FTP 下载的文件内容，防止或减少病毒入侵。从 HTTP（请求—响应协议）页面剥离 Java Applet、ActiveX 等小程序，从 Script 代码中检测出危险代码或病毒，并向用户报警。

除了安全作用外，防火墙还支持具有网络服务特性的企业内部网络技术体系 VPN。通过 VPN，将企事业单位在地域上分布在全世界各地的 LAN 或专用子网有机地连成一个整体，不仅省去了专用通信线路，而且为信息共享提供了技术保障。

（三）防火墙的局限性

通常，人们认为防火墙可以保护处于它身后的网络不受外界的侵袭和干扰。但随着网络技术的发展，网络结构日趋复杂，传统防火墙在使用的过程中有以下缺点。

（1）传统的防火墙在工作时，入侵者可以伪造数据绕过防火墙或找到防火墙中可能开启的后门。

（2）防火墙不能防止来自网络内部的袭击。通过调查发现，有将近一半的攻击都来自网络内部，对于那些故意泄露企业机密的员工来说，防火墙形同虚设。

（3）由于防火墙性能上的限制，通常它不具备实时监控入侵行为的能力。

（4）防火墙不能防御所有新的威胁。防火墙仅仅是一种被动的防护手段，只能用来防备已知的威胁，无法检测和防御最新的拒绝服务攻击及蠕虫病毒的攻击。

正因为如此，认为在 Internet 入口处设置防火墙系统就足以保护企业网络安全的想法就力不从心了。也正是这些因素引起了人们对入侵检测技术的研究及开发。入侵检测系统（IDS）可以弥补防火墙的不足，为网络提供实时的监控，并且在发现入侵的初期采取相应的防护手段。IDS 作为必要的附加手段，已经被大多数组织机构的安全构架所接受。

（四）防火墙的分类

1. 按防火墙软硬件形式分类

如果从软硬件形式来分，防火墙可以分为软件防火墙、硬件防火墙和芯片级防火墙。

（1）软件防火墙

软件防火墙运行于特定的机器上，它需要客户预先安装好的计算机操作系统的支持，一般来说这台计算机就是整个网络的网关，俗称"个人防火墙"。软件防火墙就像其他的软件产品一样，需要先在计算机上安装并做好配置才可以使用。防火墙厂商中做网络版软件防火墙最出名的莫过于 Check point（捷邦）。使用这类防火墙，需要网管对所工作的操作系统平台比较熟悉。

（2）硬件防火墙

这里所说的硬件防火墙是指所谓的硬件防火墙。之所以加上"所谓"二字，是针对芯片级防火墙来说的。它们最大的差别在于是否基于专用的硬件平台。目前市场上大多数防火墙都是这种所谓的硬件防火墙，它们都基于 PC 架构。也就是说，它们和普通家庭用的个人电脑没有太大区别。在这些 PC 架构计算机上运行一些经过裁剪和简化的操作系统，最常用的有旧版本的 UNIX、Linux 和 FreeBSD 系统。值得注意的是，由于此类防火墙采用的依然是别人的内核，因此会受到 OS（操作系统）本身的安全性影响。

（3）芯片级防火墙

芯片级防火墙基于专门的硬件平台，没有操作系统。专有的 ASIC 芯片促使它们比其他种类的防火墙速度更快，处理能力更强，性能更高。做这类防火墙最出名的厂商有 FortiNet（飞塔）和 Cisco（思科）等。这类防火墙由于是专用 OS（操作系统），因此防火墙本身的漏洞比较少，不过价格相对比较昂贵。

2. 按防火墙技术分类

防火墙技术总体上可分为"包过滤型"和"应用代理型"两大类。前者以以色列的 Checkpoint 防火墙和美国 Cisco（思科）公司的 PIX 防火墙为代表，后者以美国 NAI 公司的 Gauntlet 防火墙为代表。

（1）包过滤型防火墙

包过滤型防火墙工作在 OSI 网络参考模型的网络层和传输层，它根据数据包头源地址、目的地址、端口号和协议类型等标志确定是否允许通过。只有满足过滤条件的数据包才被转发到相应的目的地，其余数据包则被从数据流中丢弃。

包过滤方式是一种通用、廉价和有效的安全手段。之所以通用，是因为它不是针对各个具体的网络服务采取的特殊处理方式，而是适用于所有网络服务；之所以廉价，是因为大多数路由器都提供数据包过滤功能，所以这类防火墙多数是由路由器集成的；之所以有效，是因为它能满足绝大多数安全要求。

在整个防火墙技术的发展过程中，包过滤技术出现了两种不同版本，称为"第一代静态包过滤"防火墙和"第二代动态包过滤"防火墙。

（2）应用代理型防火墙

由于包过滤技术无法提供完善的数据保护措施，而且对一些特殊的报文攻击，仅仅使用过滤的方法并不能消除危害（如 SYN 攻击、ICMP 洪水等），因此人们需要一种更全面的防火墙保护技术，在这样的需求背景下，采用"应用代理"技术的防火墙诞生了。

应用代理型防火墙工作在 OSI 的最高层，即应用层。它完全"阻隔"了网络通信流，通过对每种应用服务编制专门的代理程序，实现监视和控制应用层通信流的作用。

在代理型防火墙技术的发展过程中，它也经历了两个不同的版本：第一代应用网关代理型防火墙和第二代自适应代理型防火墙。

二、防火墙产品概述

（一）包过滤防火墙

1. 包过滤防火墙简介

包过滤防火墙是一种通用、廉价、有效的安全手段。包过滤防火墙不针对各个具体的网络服务采取特殊的处理方式，而且大多数路由器都提供分组过滤功能，同时能够很大程度地满足企业的安全要求。

包过滤防火墙的依据是分包传输技术。网络上的数据都是以包为单位进行传输的，数据被分割成一定大小的包，每个包分为包头和数据两部分，包头中含有源地址和目的地址等信息。路由器从包头中读取目的地址并选择一条物理线路发送出去，当所有的包抵达后会在目的地重新组装还原。

包过滤防火墙一般由屏蔽路由器（Screening Router，也称为过滤路由器）来实现，这种路由器在普通路由器的基础上加入 IP 过滤功能，是防火墙最基本的构件，包过滤防火墙工作原理如图 3-2-1 所示。

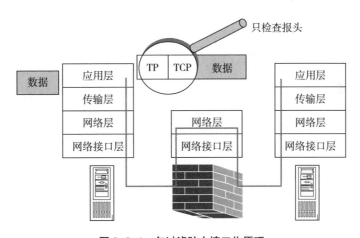

图 3-2-1 包过滤防火墙工作原理

包过滤防火墙对收到的每一数据包做许可或拒绝决定。路由器对每一数据报文进行检查以决定它是否与包过滤规则中的某一条相匹配，包过滤规则基于可用于 IP 转发过程的数据包报头信息，该信息包括 IP 源地址、IP 目标地址、封装协议（TCP、UDP、ICMP 或 IP 隧道）、TCP/UDP 源端口、TCP/UDP 目标端口、ICMP 消息类型、数据包的输入接口、数据包的输出接口。如果数据包与包过滤规则中的某一条相匹配且包过滤规则允许数据包通过，则按照路由表中的信息转发数据包。如果数据包与包过滤规则中的某一条相匹配且包过滤规则拒绝数据包通过，则丢弃该数据包。如果数据包与包过滤规则没有匹配项，用户配置的默认参数则决定对该数据包转发还是丢弃。包过滤防火墙的工作流程图，如图 3-2-2 所示。

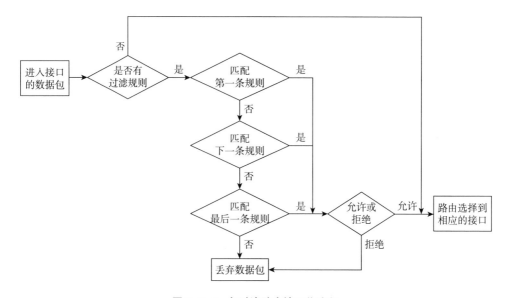

图 3-2-2　包过滤防火墙工作流程

2. 包过滤防火墙的优缺点

（1）包过滤防火墙的优点

①一个屏蔽路由器能保护整个网络

一个恰当配置的屏蔽路由器连接内部网络与外部网络，进行数据包过滤，就可以取得较好的网络安全效果。

②包过滤对用户透明

包过滤不要求任何客户机配置，当屏蔽路由器决定让数据包通过时，它与普通路由器没什么区别，用户感觉不到它的存在。较强的透明度是包过滤的一大优势。

③屏蔽路由器速度快、效率高

屏蔽路由器只检查包头信息，一般不查看数据部分，而且某些核心部分是由专用硬件实现的，故其转发速度快、效率较高，通常作为网络安全的第一道防线。

（2）包过滤防火墙的缺点

①存在安全漏洞

定义包过滤路由器是一个复杂的任务，因为网络管理员需要对各种网络服务、数据包报头格式以及报头中每个字段特定的取值透彻地理解。如果要求包过滤路由器支持复杂的过滤要求，过滤规则集就会变得很长、很复杂，使得它难以管理和理解，最后由于没有方法对配置到路由器以后的包过滤规则的正确性进行验证，可能会遗留安全漏洞。

②不支持应用层协议

假如内网用户提出这样一个需求，只允许内网员工访问外网的网页（使用HTTP 协议），不允许去外网下载电影（一般使用 P2P 协议），这时包过滤防火墙无能为力，因为它不认识数据包中的应用层协议，访问控制粒度太粗糙。

③对网络系统管理员要求较高

路由器中过滤规则的设置和配置十分复杂，涉及规则的逻辑一致性、作用端口的有效性和规则集的正确性，一般的网络系统管理员难以胜任，加之一旦出现新的协议，管理员就需要加上更多的规则去限制，往往会带来很多错误。

另外，一般随着过滤器数目的增加，通过路由器的数据包的数目将减少。路由器从每个数据包中提取目标 IP 地址时可被优化，以简化路由表查询，然后再将数据包转发到正确的接口上去传输。如果路由器执行过滤规则，则它对每一数据包不仅需做出转发决定，而且需应用所有过滤规则。这样将消耗中央处理器（Central Processing Unit，CPU）时间且影响系统的性能。IP 数据包过滤器可能无法对业务流提供完全控制，数据包过滤路由器能允许或拒绝特定的服务，但不能理解特定服务的上下文内容和数据，例如，网络管理者可能需要在应用层对业务流进行过滤，以便限制对可用的 FTP 或 Telnet 命令子集的访问，或阻止邮件或指定内容的新闻的进入。这种类型的控制能由代理服务和应用层网关在更高层上更好地执行。

（二）应用代理防火墙

在实际应用中，一些特殊的报文攻击仅仅使用包过滤的方法并不能消除危害，因此需要一种更全面的防火墙保护技术，于是，采用"应用代理"技术的防火墙诞生了。

1. 代理服务器简介

代理服务器是指代表内网用户向外网服务器进行连接请求的服务程序。代理服务器运行在两个网络之间，它对于客户机来说像是一台真正的服务器，而对于外网的服务器来说，它又是一台客户机。

代理服务器的基本工作过程是，当客户机需要使用外网服务器上的数据时，首先将请求发给代理服务器，代理服务器再根据这一请求向服务器索取数据，然后再由代理服务器将数据传输给客户机。

也就是说，代理服务器通常运行在两个网络之间，是客户机和真实服务器之间的中介，代理服务器彻底隔断内部网络与外部网络的"直接"通信，内部网络的客户机对外部网络的服务器的访问，变成了代理服务器对外部网络的服务器的访问，然后由代理服务器转发给内部网络的客户机。代理服务器对内部网络的客户机来说像是一台服务器，而对于外部网络的服务器来说，又像是一台客户机。

如果在一台代理设备的服务器端和客户端之间连接一个过滤措施，就成了"应用代理"防火墙，这种防火墙实际上就是一台小型的带有数据"检测、过滤"功能的透明代理服务器，但是并不是单纯地在一个代理设备中嵌入包过滤技术，而是一种被称为"应用协议分析的技术"。所以也经常把代理防火墙称为代理服务器、应用网关，工作在应用层，适用于某些特定的服务，如 HTTP、FIP 等，其工作原理如图 3-2-3 所示。

代理防火墙体现的是另一种风格的防火墙设计。它没有使用通用的安全机制和安全规则描述，而是具有很强的针对性和专用性，可以对特定的应用服务在内部网络内外的使用实施有效控制。通过代理防火墙，内部网络中的用户名被防火墙中的名字取代，增加了攻击者寻找攻击对象的难度。而且，由于应用级代理，可以对过去操作进行检查和控制，禁止了不安全的行为，日志、记录也更加简洁有用。此外、代理防火墙不仅提供报文过滤，还可以对传输时间、带宽等进行控制，因此从应用的角度来看更安全、更有效。

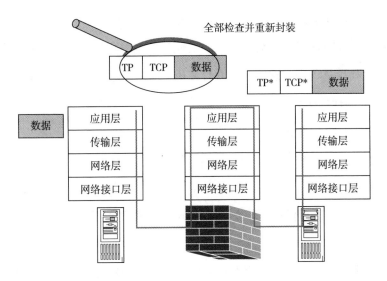

图 3-2-3　代理防火墙的工作原理

2. 应用代理防火墙的优缺点

（1）应用代理防火墙的优点

①应用代理易于配置

因为代理是一个软件，所以比过滤路由器容易配置。如果代理实现得好，可以对配置协议要求较低，从而避免了配置错误。

②应用代理能生成各项记录

因代理在应用层检查各项数据，所以可以按一定准则，让代理生成各项日志、记录。这些日志、记录对于流量分析、安全检验是十分重要和宝贵的。

③应用代理能灵活、完全地控制进出信息

通过采取一定的措施，按照一定的规则，可以借助代理实现一整套的安全策略，控制进出信息。

④应用代理能过滤数据内容

可以把一些过滤规则应用于代理，让它在应用层实现过滤功能。

⑤代理能为用户提供透明的加密机制

代理能够完成加解密的功能，从而确保数据的机密性，这点在虚拟专用网中特别重要。

⑥代理可以方便地与其他安全手段集成

目前的安全问题解决方案很多，如认证、授权、账号、数据加密、安全协议（SSL）等。如果将代理与这些手段联合使用，将大大增加网络安全性。

（2）应用代理防火墙的缺点

①代理速度较路由器慢

路由器只是简单检查 TCP/IP 报头特定的几个域，不做详细分析、记录。而代理工作于应用层，要检查数据包的内容，按特定的应用协议（如 HTTP）审查、扫描数据包内容，进行代理（转发请求或响应），速度较慢。

②代理对用户不透明

许多代理要求用户安装特定客户端软件，这给用户增加了不透明度。安装和配置特定的应用程序既耗费时间，又容易出错。

③对于每项服务，应用代理可能要求不同的服务器

因此可能需要为每项协议设置一个不同的代理服务器，挑选、安装和配置所有这些不同的服务器是一项繁重的工作。

④应用代理服务通常要求对客户或过程进行限制

除了一些为代理而设置的服务外，代理服务器要求对客户或过程进行限制，每一种限制都有不足之处，人们无法按他们自己的步骤工作。由于这些限制，代理应用就不能像非代理应用那样灵活运用。

⑤应用代理服务受协议弱点的限制

每个应用层协议，都或多或少存在一些安全隐患，对于一个代理服务器来说，要彻底避免这些安全隐患几乎是不可能的，除非关掉这些服务。

（三）状态检测防火墙

1. 状态检测防火墙简介

基于状态检测技术的防火墙是由 Check Point（捷邦）软件技术有限公司率先提出的，也称为动态包过滤防火墙。基于状态检测技术的防火墙通过一个在网关处执行网络安全策略的检测引擎而获得非常好的安全特性。检测引擎在不影响网

络正常运行的前提下，采取抽取有关数据的方法对网络通信的各层实施检测。检测引擎维护一个动态的状态信息表，并对后续的数据包进行检查，一旦发现某个连接的参数有意外变化，则立即将其终止。

状态检测防火墙监视和跟踪每个有效连接的状态，并根据这些信息决定是否允许网络数据包通过防火墙。它在协议栈底层截取数据包，然后分析这些数据包的当前状态，并将其与前一时刻相应的状态信息进行对比，从而得到对该数据包的控制信息。

检测引擎支持多种协议和应用程序，并可以方便地实现应用和服务的扩充。当用户访问请求到达网关操作系统前，检测引擎通过状态监视器收集有关状态信息，结合网络配置和安全规则做出接纳、拒绝、身份认证和报警等处理动作。一旦有某个访问违反了安全规则，该访问就会被拒绝，记录并报告有关状态信息。

状态检测防火墙试图跟踪通过防火墙的网络连接和数据包，这样防火墙就可以使用一组附加的标准，以确定是否允许和拒绝通信。

在包过滤防火墙中，所有数据包都被认为是孤立存在的，不关心数据包的历史和未来，数据包的允许和拒绝的决定完全取决于包自身所包含的信息，如源地址、目的地址和端口号等。状态检测防火墙跟踪的则不仅仅是数据包所包含的信息，还包括数据包的状态信息。为了跟踪数据包的状态，状态检测防火墙还记录有用的信息以帮助识别包，如已有的网络连接、数据的传出请求等。

状态检测技术采用的是一种基于连接的状态检测机制，将属于同一连接的所有包作为一个整体的数据流看待，构成连接状态表，通过规则表与状态表的配合，对表中的各个连接状态因素加以识别。

2.状态检测技术跟踪连接状态的方式

状态检测技术跟踪连接状态的方式取决于数据包的协议类型。

（1）TCP包

当建立起一个TCP连接时，通过的第一个包被标记上包的SYN标志。通常情况下，防火墙丢弃所有外部的连接企图，除非已经建立起某条特定规则来处理它们。对内部主机试图连接到外部主机的数据包，防火墙标记该连接包，允许响应及随后在两个系统之间的数据包通过，直到连接结束为止。在这种方式下，传入的包只有在它是响应一个已经建立的连接时，才允许通过。

（2）UDP包

UDP包比TCP包简单，因为它们不包含任何连接或序列信息。它们只包含源地址、目的地址、校验和携带的数据。这种信息的缺乏使得防火墙确定包的合法性很困难，因为没有打开的连接可以利用，以测试传输的包是否应被允许通过。如果防火墙跟踪包的状态，就可以确定。对传入的包，若它所使用的地址和UDP包携带的协议与传出的连接请求匹配，该包就被允许通过。与TCP包一样，没有传人的UDP包会被允许通过，除非它是响应传出的请求或已经建立了制定的规则来处理它。对其他类型的包，情况与UDP包类似。防火墙仔细地跟踪传出的请求，记录下所使用的地址、协议和包的类型，然后对照保存过的信息核对传入的包，以确保这些包是被请求的。

3.状态检测防火墙的特点

状态检测防火墙结合了包过滤防火墙和代理防火墙的优点，克服了两者的不足，能够根据协议、端口以及源地址和目的地址等信息决定数据包是否被允许通过。状态检测防火墙具有以下优点。

（1）高安全性

状态检测防火墙工作在数据链路层和网络层之间，因为数据链路层是网卡工作的真正位置，网络层是协议栈的第一层，这样防火墙就能确保截取和检查所有通过网络的所有原始数据包。

（2）高效性

状态检测防火墙工作在协议栈较低层，通过防火墙的数据包都在低层处理，不需要协议栈上层处理任何数据包，这样就减少了高层协议的开销，使执行效率提高了很多。

（3）可伸缩性和易扩展性

状态检测防火墙不像代理防火墙那样，每个应用对应一个服务程序，这样所能提供的服务是有限的。状态检测防火墙不区分具体的应用，只是根据从数据包中提取的信息、对应的安全策略及过滤规则处理数据包。当有一个新的应用时，它能动态产生新规则，而不用另写代码。

（4）应用范围广

状态检测防火墙不仅支持基于 TCP 的应用，还支持无连接的应用，如 RPC 和 UDP 的应用。对无连接协议，包过滤防火墙和应用代理防火墙要么不支持，要么开放一个大范围的 UDP 端口，这样就会暴露内部网，降低安全性。

在带来高安全性的同时，状态检测技术也存在着不足，主要体现在对大量状态信息的处理过程可能会造成网络连接的某种迟滞，特别是在同时有许多连接激活时，或者有大量的过滤网络通信规则存在时。不过随着硬件处理能力的不断提高，这个问题会变得越来越不重要。

三、防火墙的体系结构与部署

（一）防火墙的体系结构

防火墙的体系结构大致可以分为 4 种类型：堡垒主机体系结构、双宿主主机体系结构、屏蔽主机体系结构和屏蔽子网体系结构。目前，有关防火墙体系结构的名称还没有统一，但含义基本相同。

1. 堡垒主机的体系结构

堡垒主机体系结构在某些地方也称为筛选路由器体系结构。堡垒主机是内部网在 Internet 上的代表。堡垒主机是任何外来访问者都可以连接、访问的。通过该堡垒主机，防火墙内的系统可以对外操作，外部网用户也可以获取防火墙内的服务。

堡垒主机是一种被强化的可以防御攻击的计算机，被暴露于因特网之上，作为进入内部网络的一个检查点（checkpoint），帮助实现把整个网络的安全问题集中在某个主机上解决。正是由于这个原因，防火墙的建造者和防火墙的管理者应尽力给予其保护，特别是在防火墙的安装和初始化的过程中应予以仔细保护。

设计和建立堡垒主机的基本原则有两条：最简化原则和预防原则。

（1）最简化原则。堡垒主机越简单，对它进行保护就越方便。堡垒主机提供的任何网络服务都有可能因为软件存在缺陷或在配置上的错误，导致堡垒主机的安全保障出问题在构建堡垒主机时，应该提供尽可能少的网络服务。因此在满足基本需求的条件下，在堡垒主机上配置的服务必须最少，同时对必须设置的服务给予尽可能低的权限。

（2）预防原则。尽管已对堡垒主机严加保护，但还有可能被入侵者破坏。只有对最坏的情况加以准备，并设计好对策，才可有备无患。对网络的其他部分施加保护时，也应考虑到"堡垒主机被攻破怎么办"。强调这一点的原因非常简单，就是因为堡垒主机是外部网最直接访问的机器。由于外部网与内部网无直接连接，因此堡垒主机是试图破坏内部系统的入侵者首先攻击到的机器。要尽量保障堡垒主机不被破坏，但同时又得时刻提防"它一旦被攻破怎么办"。

一旦堡垒主机被破坏，还得尽力让内部网仍处于安全保障之中。要做到这一点，必须让内部网只有在堡垒主机正常工作时才信任它。日常要仔细观察堡垒主机提供给内部网的服务，并依据这些服务的内容确定这些服务的可信度及拥有的权限。

另外，还有很多方法可用来加强内部网的安全性。例如，可以在内部网主机上操作控制机制（设置口令、鉴别设备等），或者在内部网与堡垒主机间设置包过滤。

2. 双宿主主机的体系结构

双宿主主机的防火墙系统由一台装有两个网卡的堡垒主机构成。两个网卡分别与外部网及内部网相连。堡垒主机上运行防火墙软件，可以转发数据、提供服务等。堡垒主机将防止在外部网络和内部系统之间建立任何直接的连接，可以确保数据包不能直接从外部网络到达内部网络。

双宿主主机有两个接口，具有以下特点：

（1）两个端口之间不能进行直接的 IP 数据包的转发。

（2）防火墙内部的系统可以与双宿主主机进行通信，同时防火墙外部的系统也可以与双宿主主机进行通信，但二者之间不能直接进行通信。

这种体系结构的优点是结构非常简单、易于实现，并且具有高度的安全性，可以完全阻止内部网络与外部网络通信。

这种主机还可以充当与这台相连的若干网络之间的路由器。它能将一个网络的 IP 数据包在无安全控制下传递给另外一个网络。但是在将一台双宿主主机安装到防火墙结构中时，首先要使双宿主主机的这种路由功能失效。从一个外部网络（如 Internet）来的数据包不能无条件地传递给另外一个网络（如内部网络）。双宿主主机的内外网络均可与双宿主主机实施通信，但内外网络之间不可直接通信，内外部网络之间的 IP 数据流被双宿主主机完全切断。

双宿主主机可以提供很严格的网络控制机制。如果安全规则不允许数据包在内外部网之间直传，而又发现内部网有一个对应的外部数据源，这就说明系统的安全机制有问题了。在有些情况下，如果一个申请者的数据类型与外部网提供的某种服务不相符合时，双宿主主机可以否决申请者要求的与外部网络的连接。同样情况下，用包过滤系统要做到这种控制是非常困难的。

双宿主主机的实现方案有两种：（1）应用层数据共享。用户直接登录到双宿主主机。（2）应用层代理服务。在双宿主主机上运行代理服务器。

双宿主主机只有用代理服务的方式，或者让用户直接注册到双宿主主机上才能提供安全控制服务，但在堡垒主机上设置用户账户会产生很大的安全问题。因为用户的行为是不可预知的，如双宿主主机上有很多用户账户，这会给入侵检测带来很大的麻烦。另外，这种结构要求用户每次都必须在双宿主主机上注册，这样会使用户感到使用不方便。采用代理服务的方式安全性较好，可以将被保护的网络内部结构屏蔽起来，堡垒主机还能维护系统日志或远程日志。但是应用级网关需要针对每一个特定的 Internet 服务安装相应的代理服务软件，用户不能使用未被服务器支持的服务，以免导致某些网络服务无法找到代理，或不能完全按照要求提供全部安全服务。同时堡垒主机是入侵者致力攻击的目标，一旦被攻破，防火墙就完全失效了。

3. 屏蔽主机的体系结构

双宿主主机体系结构是由一台同时连接在内外部网络之间的双宿主主机提供安全保障的，而屏蔽主机体系结构则不同，为屏蔽主机体系结构提供安全保护的主机仅仅与内部网相连。另外，主机过滤还有一台单独的过滤路由器。包过滤路由器应避免用户直接与代理服务器相连。

这种结构的堡垒主机位于内部网络，而过滤路由器按以下规则过滤数据包：任何外部网（如 Internet）的主机都只能与内部网的堡垒主机建立连接，甚至只有提供某些类型服务的外部网主机才被允许与堡垒主机建立连接。任何外部系统对内部网络的操作都必须经过堡垒主机，同时堡垒主机本身就要求有较全面的安全维护。包过滤系统也允许堡垒主机与外部网进行一些"可以接受（即符合站点的安全规则）"的连接。屏蔽主机防火墙转发数据包的过程如下。

过滤路由器可按以下规则之一进行配置：（1）允许其他内部主机（非堡垒主机）为某些类型的服务请求与外部网建立直接连接；（2）不允许所有来自内部主机的直接连接。

当然，可以对不同的服务请求混合使用这些配置，有些服务请求可以被允许直接进行包过滤，而有些则必须在代理后才能进行包过滤，这主要是由所需要的安全规则确定的。

例如，对于入站连接，根据安全策略，屏蔽路由器可以允许某种服务的数据包先到达堡垒主机，然后与内部主机连接；也可以直接禁止某种服务的数据包入站连接。对于出站连接，根据安全策略，对于一些服务（如 Telnet），可以允许它直接通过屏蔽路由器连接到外部网络，而不通过堡垒主机，至于其他服务（如 WWW 和 SMTP 等），必须经过堡垒主机才能连接到 Internet，并在堡垒主机上运行该服务的代理服务器。

由于屏蔽主机体系结构允许数据包从外部网络直接传给内部网，因此这种结构的安全性能看起来似乎比双宿主主机体系结构差。而在双宿主主机体系结构中，外部的数据包理论上不可能直接抵达内部网。但实际上，双宿主主机体系结构也会出错，而让外部网的数据包直接抵达内部网（这种错误的产生是随机的，故无法在预先确定的安全规则中加以防范）。另外，在一台路由器上施加保护比在一台主机上施加保护容易得多。一般来讲，屏蔽主机体系结构比双宿主主机体系结构能提供更好的安全保护，同时也更具可操作性。

当然，同其他体系结构相比，这种体系结构的防火墙也有一些缺点。一个主要的缺点是，只要入侵者设法通过了堡垒主机，那么对入侵者来讲，整个内部网与堡垒主机之间就再也没有任何保护了。路由器的保护也会有类似的缺陷，即若入侵者闯过路由器，那么整个内部网便会完全暴露在入侵者面前，正因为如此，屏蔽子网体系结构的防火墙更受到青睐。

（二）防火墙的部署

1.防火墙的设计原则

当搭建防火墙设备时，经常要遵循下面两个主要的概念。首先要保持设计的简单性，其次要计划好一旦防火墙被渗透应该采取的对策与措施。

（1）保持设计的简单性

一个黑客渗透系统最常用的方法就是利用安装在堡垒主机上不被注意的组件。因此，建立堡垒主机时要尽可能使用较小的组件，无论是硬件还是软件。堡垒主机的建立只需提供防火墙功能。在防火墙主机上不要安装像 Web 服务那样的应用程序服务。要删除堡垒主机上所有不必需的服务或守护进程。在堡垒主机上运行尽量少的服务，以避免给潜在的黑客穿过防火墙提供机会。

（2）安排事故计划

如果已设计好防火墙性能，只有通过防火墙才能允许访问公共网络。当设计防火墙时，安全管理员要对防火墙主机崩溃或危机的情况做出计划。如果仅仅是用一个防火墙设备把内部网络和因特网隔离开，那么黑客渗透防火墙后就会对内部的网络有完全的访问权限。为了防止这种渗透，要设计几种不同级别的防火墙设备。不要依赖一个单独的防火墙来保护网络安全。为了确保网络的安全，无论何时都需要制定合适的安全策略，包括以下几方面：①创建软件备份；②配置同样的系统并存储到安全的地方。③确保所有需要安装到防火墙上的软件都容易配置。

2. 防火墙的选购原则

在市场上，防火墙的售价极为悬殊，从几万元到数十万元，甚至到百万元。因为各企业用户使用的安全程度不尽相同，因此厂商所推出的产品也有所区分，甚至有些公司还推出类似模块化的功能产品，以符合各种不同企业的安全需求。

当一个企业或组织决定采用防火墙来实施保卫自己内部网络的安全策略之后，下一步要做的事情就是选择一个安全、经济、合适的防火墙。那么，面对种类如此繁多的防火墙产品，用户需要考虑的因素有哪些，应该如何进行取舍呢？

（1）第一要素：防火墙的基本功能

防火墙系统可以说是网络的第一道防线，对计算机信息系统十分重要，因此一个企业在决定使用防火墙保护内部网络的安全时，首先需要了解一个防火墙系统应具备的基本功能。一个成功的防火墙产品应该具有以下基本功能。

防火墙的设计策略应遵循安全防范的基本原则——"除非明确允许，否则就禁止"；防火墙本身支持安全策略，而不是添加上去的；如果组织机构的安全策略发生改变，可以加入新的服务；有先进的认证手段或有挂钩程序，可以安装先进的认证方法；如果需要，可以运用过滤技术允许和禁止服务：可以使用 FTP 和 Telnet 等服务代理，以便先进的认证手段可以被安装和运行在防火墙上；拥有界面友好、易于编程的 IP 过滤语言，并可以根据数据包的性质进行包过滤、数据包的性质有目标和源 IP 地址、协议类型、源和目的 TCP/UDP 端口、TCP 包的 ACK 位、出站和入站网络接口等。

如果用户需要 NNTP（网络消息传输协议）、X Window（图形用户接口）、HTTP 和 Gopher（信息查找系统）等服务，防火墙应该包含相应的代理服务程序。防火墙也应具有集中邮件的功能，以减少 SMTP 服务器和外界服务器的直接连接，并可以集中处理整个站点的电子邮件。防火墙应允许公众对站点的访问，应把信息服务器和其他内部服务器分开。

防火墙应该能够集中和过滤拨入访问，并可以记录网络流量和可疑的活动。此外，为了使日志具有可读性，防火墙应具有精简日志的能力。虽然没有必要让防火墙的操作系统和公司内部使用的操作系统一样，但在防火墙上运行一个管理员熟悉的操作系统会使管理变得简单。防火墙的强度和正确性应该可以被验证，设计尽量简单，以便管理员理解和维护。防火墙和相应的操作系统应该用补丁程序进行升级，且升级必须定期进行。

正像前面提到的那样，Internet 每时每刻都在发生着变化，新的易受攻击点随时可能会产生。当新的危险出现时，新的服务和升级工作可能会对防火墙的安装产生潜在的阻力，因此防火墙的可适应性是很重要的。

（2）第二要素：企业的特殊要求

企业安全政策中往往有些特殊需求，这些需求不是每一个防火墙都会提供的，这方面常会成为选择防火墙的考虑因素之一。常见的需求有以下几方面。

①网络地址转换功能（NAT）

进行地址转换有两个好处：其一是隐藏内部网络的真正 IP，这可以使黑客无法直接攻击内部网络；其二是可以让内部使用保留的 IP，这对许多 IP 不足的企业是有益的。

②双重 DNS

当内部网络使用没有注册的 IP 地址，或是防火墙进行 IP 转换时，DNS 也必须经过转换，因为同样的一台主机在内部的 IP 与给予外界的 IP 将会不同，有的防火墙会提供双重 DNS，有的则必须在不同主机上各安装一个 DNS。

③虚拟专用网络（VPN）

VPN 可以在防火墙与防火墙或移动的客户机之间对所有网络传输的内容加密，建立一个虚拟通道，让两者感觉是在同一个网络上，可以安全且不受拘束地互相存取。

④病毒扫描功能

大部分防火墙都可以与防病毒软件搭配实现扫毒功能，有的防火墙则可以直接集成扫毒功能，差别只是扫毒工作是由防火墙完成，或者是由另一台专用的计算机完成。

⑤特殊控制需求

有时候企业会有特别的控制需求，如限制特定使用者才能发送电子邮件，FTP 只能下载文件而不能上传文件，限制同时上网人数，限制使用时间或阻塞 Java、ActiveX 控件等，依需求不同而定。

（3）第三要素：与用户网络结合

①管理的难易度

防火墙管理的难易度是防火墙能否达到目的主要考虑因素之一。一般企业很少以已有的网络设备直接当作防火墙的原因，除了先前提到的包过滤并不能达到完全的控制之外，设定工作困难、需具备完整的知识及不易排错等管理问题也是一般企业不愿意使用的主要原因。

②自身的安全性

大多数人在选择防火墙时都将注意力放在防火墙如何控制连接及防火墙支持多少种服务上，往往忽略了一点——防火墙也是网络上的主机之一，也可能存在安全问题。防火墙如果不能确保自身安全，则防火墙的控制功能再强，也终究不能完全保护内部网络。

大部分防火墙都安装在一般的操作系统上，如 UNIX、Windows NT 系统等。在防火墙主机上执行的除了防火墙软件外，所有的程序、系统核心也大多来自操作系统本身的原有程序。当防火墙主机上所执行的软件出现安全漏洞时，防火墙本身也将受到威胁。此时，任何的防火墙控制机制都可能失效，因为当一个黑客取得了防火墙上的控制权以后，黑客几乎可以为所欲为地修改防火墙上的访问规则，进而侵入更多的系统。因此，防火墙自身应有相当高的安全保护。

③完善的售后服务

用户在选购防火墙产品时，除了从以上的功能特点考虑之外，还应该注意好的防火墙应该是企业整体网络的保护者，并能弥补其他操作系统的不足，使操作系统的安全性不会对企业网络的整体安全造成影响。防火墙应该能够支持多种平台，因为使用者才是完全的控制者，而使用者的平台往往是多种多样的，它们应选择一套符合现有环境需求的防火墙产品。由于新产品的出现，就会有人研究新的破解方法，因此好的防火墙产品应拥有完善、及时的售后服务体系。

④完整的安全检查

好的防火墙还应该向使用者提供完整的安全检查功能，但是一个安全的网络仍必须依靠使用者的观察及改进，因为防火墙并不能有效地杜绝所有的恶意封包，企业想要达到真正的安全，仍然需要内部人员不断记录、改进、追踪。防火墙可以限制唯有合法的使用者才能进行连接，但是否存在利用合法掩护非法的情形仍需依靠管理者来发现。

⑤结合用户情况

在选购一个防火墙时，用户应该从自身考虑下面的因素。

A. 网络受威胁的程度；

B. 若入侵者闯入网络，将要受到的潜在损失；

C. 其他已经用来保护网络及其资源的安全措施；

D. 由于硬件或软件失效，或者防火墙遭到"拒绝服务攻击"而导致用户不能访问 Internet，造成整个机构的损失；

E. 机构所希望提供给 Internet 的服务，希望能从 Internet 得到的服务，以及可以同时通过防火墙的用户数目；

F. 网络是否有经验丰富的管理员；

G. 今后可能的要求，如要求增加通过防火墙的网络活动或要求新的 Internet 服务。

四、防火墙的管理与维护

（一）防火墙的日常管理

日常管理是经常性的琐碎工作，除保持防火墙设备的清洁和安全外，还有以下三项工作需要经常去做。

1. 备份管理

这里的备份指的是备份防火墙的所有部分，不仅包括作为主机和内部服务器使用的通用计算机，还包括路由器和专用计算机。路由器的重新配置一般比较麻烦，而路由器配置的正确与否则直接影响系统的安全。

用户的通用计算机系统可设置定期自动备份系统，专用机（如路由器等）一般不设置自动备份，而是尽量对其进行手工备份，在每次配置改动前后都要进行，可利用简单文件传输协议（TFTP）或其他方法，一般不要使路由器完全依赖于另一台主机。

2. 账户管理

增加新用户、删除旧用户、修改密码等工作也是经常性的工作，千万不要忽视其重要性。设计账户添加程序，尽量用程序方式添加账户。尽管在防火墙系统中用户不多，但用户中的每一位都是一个潜在的威胁，因此做些努力保证每次都正确地设置用户是值得的。人们有时会忽视使用步骤，或者在处理过程中暂停几天。如果这个漏洞碰巧留出没有密码的账户，入侵者就很容易侵入。

保证用户的账户创建程序能够标记账户日期，而且使账户在每几个月内自动接受检查。用户不需要自动关闭它，但是系统需要自动通知用户账户已经超时。

如果用户在登录时更改自己的账户密码，则应有一个密码程序强制使用强密码。如果用户不做这些工作，人们就会在重要关头选择简单的密码。总之，一般简单地定期向用户发出通知是很有效的，而且是简单易行的。

3. 磁盘空间管理

即使用户不多，数据也会经常占满磁盘可用空间。人们把各种数据转存到文件系统的临时空间中。"短视行为"促使其在那里建立文件，这会造成许多意想不到的问题，不但占用磁盘空间，而且这种随机碎片很容易造成混乱。用户可能搞不清楚这是最后装入的新版本的程序，还是入侵者故意造成的；那些文件是随机数据文件，还是入侵者的文件；等等。

在多数防火墙系统中，主要的磁盘空间问题会被日志文件记录下来。当用户试图截断或移走日志文件时，系统应自动停止程序运行或使它们挂起。

（二）防火墙的系统监控

1. 专用监控设备

监控需要使用防火墙提供的工具和日志，同时也需要一些专用监控设备。例如，可能需要把监控站放在周边网络上，只有这样才能监视用户所期望的包通过。

如何确定监控站不被入侵者干扰是一件很重要的事。事实上，最好不要让入侵者发现它的存在。管理员可以在网络接口上断开传输，于是这台机器对于侵袭者来说难以探测和使用。在大多数情况之下，管理员应特别仔细地配置机器，像对待一台堡垒主机一样对待它，它既简单又安全。

2. 监控的内容

理想的情况是管理员知道穿过自己防火墙的所有内容，即每一个抛弃的和接收的数据包、每一个请求的连接。但实际上，不论是防火墙系统还是管理员都无法处理那么多的信息，管理员必须打开冗长的日志文件，再把生成的日志整理好。在特殊情况下，管理员要用日志记录几种情况：（1）记录所有被拒绝的尝试和连接以及抛弃的包；（2）记录连接通过堡垒主机的用户名、协议以及时间；（3）记录在路由器中发现的错误、堡垒主机和一些代理程序。

3. 对试探作出响应

管理员有时会发觉外界对防火墙的试探，如企图登录不存在的账户、数据包发送系统没有向 Internet 提供的服务等。通常情况下，如果试探没有得到让人感兴趣的反应就会放弃。如果管理员想弄清楚试探的来源，会耗费大量时间去追寻类似的事件，而且在大多数情况下，这样做一般不会有成效。如果管理员确定试探来自某个站点，则可以与那个站点的管理层联系，告知他们发生了什么。通常，人们无须对试探做出积极响应。

对于什么只是试探和什么是全面的侵袭，不同的人有不同的观点。多数人认为只要不继续下去就只是试探。例如，尝试每一个可能的字母排列来解开用户的根密码是不能成功的，这可以被认为是无须理睬的试探。

五、防火墙的发展趋势

（一）深度防御技术

随着防火墙技术的不断发展，未来防火墙将向以下几个方向发展：深度防御；主动防御；嵌入式防火墙；分布式防火墙；专用化、小型化以及硬件化；与其他安全技术联动，产生互操作协议。

深度防御技术综合了目前广泛应用的防火墙安全技术，是指防火墙在协议栈上建立若干安全检查点，并利用各种安全手段审查经过防火墙的数据包，能够有效提高防火墙的安全性。具体来讲，防火墙可以在网络层过滤掉所有的源路由分组以及假冒 IP 源地址的分组；可以在传输层过滤掉所有的有害数据包和禁止出入的协议；可以在应用层通过 SMTP、FTP 等网关，监控互联网提供的可用服务。

（二）区域联防技术

传统防火墙单纯地在内部网络与外部网络的连接点进行安全控制，一旦攻击者攻破连接点，整个网络就暴露在攻击者眼前。随着网络攻击技术的不断发展，防火墙受到了越来越大的威胁，传统防火墙已经不能适应如今的防卫架构。

新型防火墙为分布式防火墙，即综合主机型防火墙与个人计算机型防火墙，并配以传统防火墙的功能，形成高性能、全方位的防卫架构，这就是区域联防技术。区域联防的目的是通过各个区域的防卫抵御攻击者的入侵行为。任何能够连接互联网的终端，都应该具有一定的防护功能。

（三）管理通用化

管理通用化是建立一个有效安全防范体系的必要条件。如要使各个不同的网络安全产品能够联动地做出反应，就必须让它们都使用同一种通用的"语言"，也就是发展一种它们都能够理解的协议。因此，不管是对防火墙还是对入侵检测系统（IDS）、VPN 或病毒检测设备等网络安全设备进行操作，都可以使用通用的网络设备管理方法。

（四）专用化和硬件化

在网络应用越来越普遍的形势下，一些专用防火墙概念也被提了出来，单向防火墙（又叫网络二极管）就是其中的一种。单向防火墙的目的是让信息的单向流动成为可能，也就是网络上的信息只能从外网流入内网，而不能从内网流入外网，从而起到安全防范作用。另外，将防火墙中的部分功能固化到硬件中，也是当前防火墙技术发展的方向。通过这种方式，可以提高防火墙中瓶颈部分的执行速度，缩短防火墙导致的网络延时。

（五）体系结构发展趋势

网络应用的不断增加，对网络宽带提出了更高的要求，防火墙也需要提高处理数据的速度。多媒体应用在未来会更加普遍，其要求数据通过防火墙带来的延迟要尽可能小。为了满足这种需求，一些防火墙开发商开发了基于网络处理器和基于专用集成电路（ASIC）的防火墙。

网络处理器是专门处理数据包的可编程处理器。网络处理器包含了多个数据处理引擎，这些引擎可以同时进行数据处理工作。网络处理器优化了数据包处理的一般性任务，同时其硬件体系结构的设计也大多采用高速的接口技术和总线规范，具有较高的 I/O 能力。网络处理器具有简单的编程模式和开放的编程接口，系统灵活，处理能力强。

ASIC 技术为防火墙设计提供了专门的数据包处理流水线，优化了资源配置，能够满足千兆、万兆网速环境。但是 ASIC 技术的开发难度较大、开发周期长、开发成本高、缺乏可编程性、灵活性较差。在开发难度、开发周期和开发成本等方面，网络处理器具有明显的优势。未来网络处理器（NP）架构的防火墙会带动防火墙产品的发展，实现网络安全的一场变革。

（六）网络安全产品的系统化

随着网络安全技术的发展，出现了建立以防火墙为核心的网络安全体系的说法。现有的防火墙技术很难满足日益发展的网络安全需求。因此，需要建立一个以防火墙为核心的网络安全体系，实施科学的安全策略，在内部网络系统中部署多道安全防线，让各项安全技术各司其职，抵御外来入侵。对网络攻击的监测和告警将成为防火墙的重要功能，对可疑活动的日志分析工具将成为防火墙产品的一部分。防火墙将从目前的被动防护状态转变为主动状态来保护内部网络。

第三节　计算机病毒的防治技术

一、计算机病毒概述

（一）计算机病毒的概念

与生物病毒一样，计算机病毒也具有独特的复制能力，具有传染性和破坏性。计算机病毒是根据计算机硬件和软件的弱点编制出来的具有特殊功能的程序。计算机病毒不是自然与生俱来的，而是有些人特意编制的具有特殊功能的程序。计算机病毒的制造者可能出于恶作剧的心态，也可能只是简单地炫耀自己的编程技能，还可能是基于某种形式的报复，甚至是基于一定的军事、政治或商业目的。

1983 年 11 月 10 日，美国黑客弗雷德·科恩（Fred Cohen）以测试计算机安全为目的，编写并发布了首个计算机病毒。从广义上讲，凡能够引起计算机故障，破坏计算机数据的程序统称为计算机病毒。依据此定义，诸如逻辑炸弹、蠕虫等均可称为计算机病毒。

（二）计算机病毒的结构

1. 引导部分

引导部分是指病毒的初始化部分，它的作用是将病毒主体加载到内存，为传染部分做准备。另外，引导部分还可以根据特定的计算机系统，将分别存放的病毒程序连接在一起重新进行装配，形成新的病毒程序，破坏计算机系统。

2. 传染部分

这部分是将病毒代码复制到传染目标上去。病毒一般复制速度比较快，不会引起用户的注意。病毒在对目标进行传染前要判断传染条件。不同类型的病毒在传染方式、传染条件上各有不同。

3. 表现部分

引导部分和传染部分为表现部分服务。表现部分是破坏被传染系统或在被传染系统上表现出的特定现象，是病毒中最灵活的一部分，完全根据编制者的不同目的而千差万别。

（三）计算机病毒的特点

1. 传播性

计算机病毒的传播性是指病毒具有把自身复制到其他程序、中间存储介质或主机的能力。传播性是计算机病毒最重要的特征，病毒程序正是依靠传播性将病毒广泛传播。计算机病毒具有再生机制，编制者一般通过某种方式使之具有自我复制的能力，让病毒将复制品或变种传播到其他程序体上。从早期的软盘感染到现在的网络传播，计算机病毒的复制能力和速度变得突飞猛进。由于目前计算机网络日益发达，计算机病毒可以在极短的时间内，通过互联网这样的网络进行传播和扩散，完成诸如强行修改计算机程序和数据等任务。

2. 非授权性

通常情况下，应用程序由用户执行，然后计算机系统进行资源配置，执行用户交付的任务。计算机病毒获得应用程序的通用特性后，隐藏在应用程序或系统中。一旦用户执行被感染的应用程序，病毒会率先执行。对用户来说，病毒是未经用户允许的，具有非授权性。

3. 隐蔽性

为了避免用户或杀毒软件发现，病毒一般都非常短小精悍，附着在正常程序或磁盘中比较隐蔽的地方，或者实现自身的隐藏。如果不进行代码分析，就不容易区分病毒程序和正常程序。这种隐蔽性让病毒在用户未察觉的情况下飞速扩散。目前病毒一般只有几十或上百 KB（字节），所以病毒瞬间便可将自身附着到正常程序之中。不过，近年来，一些病毒采用增肥技术，使自身的文件体积变得非常庞大，以避免自身被安全软件上传到云服务器，从而逃避云查杀。

4. 潜伏性

传统的病毒在感染程序或系统后不会马上发作，而是长期潜伏在程序或系统中，只有满足特定的条件时才会启动其表现部分。在潜伏期中，病毒程序只要在可能的条件下就会不断地进行自我复制和繁殖，即使是专业的杀毒软件，也不能保证识别出全部的病毒。病毒想方设法隐藏自身，以免在病毒发作之前被发现。

随着病毒技术的发展以及病毒编写目的的改变，目前很多的计算机病毒都以获取经济利益为主要目的，它们进入系统之后便开始对计算机系统进行监控，以获取有价值的信息（如各类账号、口令，或文档等）。由于没有了传统的、可直观感知的表现，且需要尽快榨取目标机器价值，因此，也就没有了严格的潜伏阶段。

5. 破坏性

大多数计算机病毒在发作时都具有不同的破坏性，有的干扰计算机系统的正常工作，有的严重消耗系统资源（如不断地复制自身，消耗内存和硬盘资源），而更严重的则直接篡改和删除磁盘数据或文件内容，甚至直接损坏计算机硬件，破坏操作系统的正常运行。病毒程序的表现性或危害性体现了病毒制造者的真正意图。无论何种病毒程序，一旦入侵系统都会对操作系统的运行造成不同程度的危害，这也是病毒制造者的目的。

6. 不可预见性

不同种类的病毒，其代码千差万别，但有些操作是共同的。因此，有的人利用了病毒的共性，制作了检测病毒的软件。但是由于病毒的更新极快，这些软件也只能在一定程度上保护系统不被已经发现的病毒感染，新的病毒以何种形式传播并危害计算机是无法预见的。从这个意义上来说，病毒对反病毒软件永远是超前的，病毒在个体设计上具备不可预见性。这种超前性并不代表反病毒人员应当被动地接受、应对病毒，反而应使反病毒人员积极面对病毒。

计算机网络将被越来越多地应用于生活的各个角落，病毒将无处不在，延续其巨大的危害性，相应的计算机网络安全问题将在计算机网络中占据举足轻重的地位。反病毒技术研究是一件颇具难度的事情，但同时又是一项意义重大的研究，它致力于消除计算机病毒，维护网络安全。

7. 可触发性

计算机病毒通常具有一定的针对性，其某些功能的运行需要特定的触发条件。病毒触发的实质是一种条件的控制，即根据编造者的目的，在特定的条件下进行攻击，这个条件可以是特定字符、特定文件、特定时刻、特定时间、特定次数、特定的程序启动等。

（四）计算机病毒的传播途径

1. 通过互联网传播

使用互联网方便快捷，既能降低运作成本，还能提高工作效率。电子邮件、浏览网页、下载软件、通信软件、网络游戏等都通过互联网来进行，其使用十分频繁，是许多计算机病毒的传播途径。

（1）通过电子邮件传播

随着互联网的日益普及，许多商务信息都通过电子邮件传递，而病毒也将之作为传播的载体。最为常见的是通过互联网交换 Word 格式的文档。如果电子邮件中携带病毒，就会造成用户的计算机感染病毒。对于此类传播途径用户应该提高安全意识，不轻易打开陌生邮件。

（2）通过浏览网页传播

用户在浏览网页后，可能出现 IE 标题被修改、自动打开窗口、被迫登录某一网站、被强制安装软件等情况，这就是病毒通过网页传播的体现。应对此类病毒的方式是养成良好的上网习惯，不随便点击那些安全性未知的网站，保证计算机始终处于安全环境中。

（3）通过下载软件传播

目前，互联网上的软件下载网站众多，为了获得更多的经济收益，大部分下载网站开始与各类广告商或者相关厂商进行合作，这使得网站本身已远不如最初单纯：一方面，页面中布满了下载链接，而且具有极大欺骗性，用户很难直接从下载网站中找到自己的目标软件；另一方面，部分下载网站提供的软件经常被捆绑或感染了病毒，成为病毒传播的一个重要渠道。

（4）通过即时通信软件传播

即时通信软件用户众多，加之自身存在一定的安全缺陷，导致病毒能够轻易获取传播目标。更多的时候，通过即时通信软件传播的病毒是在陆续发现中，而且有越演越烈的态势。应对此类病毒传播的方式是不随意点击好友发送的可疑文件，应确认是否是真的好友所发、地址信息是否可疑等，此类文件通常伪装成诱人的图片或好玩的游戏等。

（5）通过网络游戏传播

网络游戏已经成为目前网络活动的主体之一，许多人通过网络游戏来丰富业余生活，缓解生活压力。在网络游戏中，对玩家来说最重要的就是道具、装备等虚拟物品。这些虚拟物品会随着时间的积累成为具有真实价值的东西。随着这种虚拟物品交易的发展，逐渐出现了偷盗虚拟物品的现象。网络游戏需要通过互联网才能运行，偷盗游戏账号和密码的木马病毒层出不穷。应对此类传播方式，需要加强主机的安全性，设置较为复杂的密码，不在网吧等公共环境上网。

2. 通过局域网传播

网络共享是局域网用户常用的一种数据分享和交互方法。在计算机被感染部分病毒后，病毒将主动扫描局域网中的共享文件夹，对于可写文件夹中的可执行程序，则可以进行感染操作，或者直接将病毒程序写入目标共享文件夹之中，以伺机运行感染目标系统。防范这类病毒传播的方法是及时为系统安装补丁、关闭不必要的共享和端口。

3. 通过可移动储存设备传播

可移动储存设备主要包括 U 盘、可移动硬盘等。另外手机、数码相机、数码摄像机、平板电脑等现代数码产品在接入电脑时，也可以作为可移动存储介质。目前，可移动存储设备已是主要的病毒传播媒介之一。例如，由于 U 盘的便携性且存储容量较大，用户对 U 盘的使用频率很高，一些被感染的计算机文件就以 U 盘为传输介质实现了大范围的传播。用户在公共场所使用可移动储存设备时应该谨慎，以免感染病毒。

4. 通过计算机硬件设备传播

这种病毒的传播途径通过不可移动的计算机硬件设备进行传播，其中计算机硬盘和专用集成电路芯片（ASIC）是病毒主要的传播媒介。通过 ASIC 传播的病毒较少，但危害性极强，计算机一旦被感染，就会损坏计算机硬件。防范这类病毒传播的方法是养成定期使用正版杀毒软件查杀病毒的习惯。

（五）计算机病毒的类型

1. 基于破坏程度分类

（1）良性病毒

良性病毒是指不直接对计算机系统产生破坏作用的病毒。良性病毒不破坏计算机内的数据，却会造成计算机程序的工作异常。良性病毒在获取系统控制权限后，会与操作系统和应用程序争取 CPU 的控制权，影响系统的运行速度，减少内存容量，使得一些应用程序不能正常运行。

（2）恶性病毒

恶性病毒是指病毒在传染或发作过程中对计算机系统产生直接的破坏作用，影响计算机系统的操作。一般情况下，计算机在感染恶性病毒后没有异常的表现，但恶性病毒发作后可能会篡改、删除计算机的数据文件，甚至格式化硬盘。

2. 基于传染方式分类

（1）引导型病毒

引导型病毒主要通过软盘在计算机系统中传播，首先感染引导区，然后蔓延到硬盘。引导型病毒可感染硬盘或软盘的引导扇区，病毒体积较小时，引导型病毒可存储在磁盘的引导扇区；病毒体积较大时，分为两个部分，一部分存储在引导扇区，另一部分存储在保留扇区。

（2）文件型病毒

文件型病毒又称寄生病毒，主要通过计算器存储器感染可执行文件。一旦用户执行被感染的文件后，病毒先于文件运行，伺机感染其他文件。文件型病毒依附在不可执行的文件中是没有意义的，只有运行可执行程序时病毒才能调入内存运行。文件型病毒可以分为以下几类。

① DOS 病毒：感染 DOS 中的可执行程序。② Windows 病毒：感染 Windows 中的可执行程序。③宏病毒：感染带有宏功能的应用文件中的宏。④脚本病毒：当病毒进入一个存在脚本宿主程序的系统时会激活。⑤ Java 病毒：嵌入在用 Java 编程语言编写的应用中。⑥ Shockwave 病毒：感染 swf 文件。

（3）混合型病毒

混合型病毒是引导型病毒和文件型病毒的结合，综合了这两类病毒的特征，并以相互促进的方式感染。混合型病毒既能感染引导区，又能感染可执行文件，提高了病毒的感染性。无论以何种方式传染，只要点击被感染的磁盘或文件，就会扩大病毒的传染范围，难以清除干净。

3. 基于链接方式分类

（1）源码型病毒

源程序是源码型病毒的攻击目标。一般情况下，病毒编制者在源程序编译前将病毒代码植入源程序，在源程序编译后，病毒就变成以合法身份存在的非法程序。源码型病毒较为少见。

（2）入侵型病毒

入侵型病毒具有很强的针对性，可以用自身代替宿主程序中的堆栈区或模块，只攻击特定的程序。这种病毒的编写也很困难，因为病毒遇见的宿主程序千变万化，病毒在不了解其内部逻辑的情况下，要将宿主程序拦腰截断，插入病毒代码，而且还要保证病毒程序能正常运行。

（3）外壳型病毒

外壳型病毒是病毒将自身依附在宿主程序的头部或者尾部，为自身增加一个外壳。外壳型病毒不修改宿主程序。外壳型病毒容易编写，而且比较常见，大部分文件型病毒都属于外壳型病毒。

（4）操作系统型病毒

操作系统型病毒用自己的逻辑部分取代或加入操作系统中的合法程序模块，具有很强的危害性，可能会造成计算机系统瘫痪。典型的操作系统型病毒包括大麻病毒、圆点病毒等。

（六）计算机病毒的危害

1. 破坏数据信息

病毒传染和发作时直接破坏计算机系统的数据信息。许多病毒在发作时会通过改写文件、删除重要文件、改写文件目录区、格式化磁盘、破坏 CMOS（传感器）设置等直接破坏计算机的数据信息。

2. 占用磁盘空间

通过磁盘传播的病毒会非法占用磁盘空间。引导型病毒自身占据引导扇区，将原来的引导区转移到其他扇区，被覆盖的扇区数据将会永久性丢失。文件型病毒利用 DOS（硬盘操作系统）功能检测磁盘的未用空间，并将传染部分写入未用空间。文件型病毒会感染大量文件，加强文件长度，占用磁盘空间。

3. 抢占系统资源

大多数病毒在活动状态下都是常驻内存的，这就必然会抢占一些系统资源。病毒抢占内存，可能造成一些较大的应用程序无法正常运行。另外，病毒还抢占终端，修改一些终端地址，影响系统的正常运行。网络病毒会占用大量网络资源，导致网络通信十分缓慢。

4.影响运行速度

病毒进驻内存后，不仅会影响计算机系统的正常运行，还会影响计算机的运行速度。一些病毒为了保护自己，不仅加密磁盘上的静态病毒，还加密内存中的动态病毒。CPU 在寻找病毒位置时会额外执行无数条指令，将病毒解密成合法的 CPU 指令，明显减慢系统的运行速度。

5.衍生变种病毒

计算机病毒的来源之一是变种病毒。有些计算机初学者尚未具备独立编制软件的能力，但出于好奇心，修改别人的病毒，就可能衍生出变种病毒。计算机病毒错误产生的危害可能比病毒本身还大。

6.影响用户心理

计算机病毒会影响用户心理，给用户带来心理压力。如果计算机出现死机、运行异常等现象，用户就会怀疑可能存在病毒。但实际上，在计算机工作异常时，用户很难准确判断是否为病毒所为。大多数用户对病毒采取宁可信其有的态度，这对保护计算机安全是很必要的。

二、计算机病毒的症状

（一）病毒发作前的症状

1.系统的运行速度变慢甚至出现死机

一些病毒会感染网页文件，被感染的逻辑盘目录中会出现 folder.htt、desktop.ini 等文件，病毒的交叉感染导致系统的运行速度变慢。蠕虫病毒发作后会利用发信模块疯狂发送携带病毒的邮件或开启上百条线程扫描网络，大量消耗系统资源，造成系统运行减慢，甚至死机。

2.文件长度发生变化

被感染的文件型病毒的文件会增加长度。病毒会在感染过程中不断复制自身，占用硬盘的储存空间，减少硬盘的容量。一些系统中存在的缓存文件和网页残留信息不是病毒。

3. 系统中出现模仿系统进程名或服务名的进程或服务

打开"任务管理器"除了常见的系统进程外，出现一些明显模仿系统进程的进程名字，如病毒经常使用阿拉伯数字"0"来代替字母"o"，将 svchost.exe 伪装成 svch0st.exe。任务栏中输入 services.msc，可以查看系统中安装的服务。如果出现一些未知名的服务或明显伪装成系统服务的服务选项，则系统中可能被安装了木马。

（二）病毒发作时的症状

（1）出现不相关的语句。

（2）莫名播放音乐或产生图像。这种计算机病毒大多属于良性病毒，会影响用户的显示界面。

（3）扰乱屏幕显示。病毒被激活时，会出现多种扰乱屏幕显示的现象，如显示内容不断抖动、遮挡显示内容等。

（4）硬盘灯不断闪烁。当硬盘有大量持续的操作时，硬盘灯会持续闪烁，如反复读取硬盘扇区、写入或格式化很大的文件等。

（5）破坏写盘操作：病毒被激活时，计算机不能进行写盘操作，或者只能进行只读操作，或者丢失部分文件内容。

（6）系统运行速度下降：病毒被激活时，病毒内的时间延迟程序启动，使计算机进行循环计算，导致空转，运行速度下降。

（7）破坏键盘输入：病毒激活时，会对键盘的输入进行破坏。常见的现象有每按一次键时，扬声器响一声；病毒将键盘封住，使用户无法从键盘输入数据；等等。

（8）扬声器中发出莫名的声音：有时病毒在发作时会使扬声器发出异样的声音，如扬声器鸣叫、嘀嗒声、咔声、警报声等。

（9）侵蚀或占用大量系统内存。

（10）干扰计算机内部命令的执行：有时病毒在发作时会干扰 DOS 内部命令的执行，影响计算机的正常工作。

（11）计算机突然重启或死机。

（12）攻击 CMOS：在计算机的 CMOS 区中，存有系统重要的设置数据。

有些病毒会对该区进行写入动作，破坏其中的重要数据。

（13）破坏文件：病毒激活时，有时会使用户打不开文件，或删除欲运行的文件；有时会保持文件的名称不变，而用其他的程序内容替换现在正在执行的文件；有时也会更改文件名。

（14）干扰打印机：病毒会修改系统数据区中有关打印机的参数，使系统对打印机的控制紊乱，出现虚假报警；病毒使打印机打印输出异常，打印时断时续；病毒将发送给打印机的字符进行替换，使打印的内容变形。

（三）病毒发作后的症状

（1）硬盘数据丢失或无法激活：有些病毒会修改硬盘的内容，使得原先保存在硬盘上的数据几乎完全丢失；或破坏硬盘的引导扇区，导致无法激活。

（2）以前能正常运行的应用程序经常发生死机或者非法错误：病毒本身存在兼容性方面的问题会破坏程序的正常功能。

（3）系统文件被损坏或丢失：一些计算机病毒在发作时会破坏或删除系统文件，使计算机系统无法正常激活。

（4）文件目录发生混乱：发生文件目录混乱的情况有两种。一种是文件目录结构遭到破坏，目录扇区被作为普通扇区，填入无意义的数据；另一种是将目录区转入其他扇区中。

（5）文件内容颠倒：在使用这些文件之前，病毒预先将其内容恢复原样，并使用户觉察不到。这些文件是以被病毒颠倒后的形态存入磁盘的，一旦消除了病毒，由于无法恢复原内容，这些文件将全部报废。

（6）病毒破坏宿主程序：病毒对宿主程序的感染采用覆盖重写的方法，被覆盖宿主程序的源代码丢失，主程序被永久性损坏；病毒还能使宿主程序变成碎片。此类病毒是恶性病毒，宿主程序感染病毒后只能被删除。病毒的感染频率越高，其杀伤力越大。

（7）文件自动加密：一些病毒利用加密算法，将密钥保存在病毒程序内或其他比较隐蔽的地方。如果内存中有这种病毒，用户在访问被感染的文件时会将文件自动加密，而且病毒被清除后，被加密的文件较难恢复。

（8）禁止分配内存：有些病毒在植入内存后，会监视程序的运行，涉及分配内存的程序将受到阻碍。

（9）破坏光驱：光驱中的光头在读不到信号时会加大激光发射功率，导致光驱使用寿命减少。

（10）破坏显卡：有些病毒可以改动显卡的显频，使显卡超负荷工作，直到被烧坏。因此计算机死机时也要对显卡进行检查。

（11）出现花屏：用户在使用显示器的过程中出现花屏时，要及时关掉显示器的电源，重启后进入安全模式并查找原因。

（12）系统文件的大小、日期或时间等发生变化：病毒在感染文件后就自动地隐藏在文件的后面，会增加文件的大小，文件的日期和时间改为被感染的时间。

（13）磁盘空间迅速减少：这可能是由于计算机感染病毒造成的。经常浏览网页、临时文件过多等会让磁盘空间迅速减少；还有一种情况是内存交换文件数量会随着应用程序运行的时间和进程的数量增加而增长，而运行的应用程序数量越多，内存交换文件就越大，占用磁盘空间就越多。

（14）无法调用网络驱动器卷或共享目录，即有读权限的共享目录、网络驱动器卷等无法打开或有写权限的共享目录、网络驱动器卷不能创建、修改文件。病毒的某些行为可能会影响对网络驱动器卷和共享目录的正常访问。

三、反病毒技术

（一）预防病毒技术

防治感染病毒主要有两种手段：一种是用户遵守和加强安全操作控制措施，在思想上重视病毒可能造成的危害；另一种是在安全操作的基础上，使用硬件和软件防病毒工具，利用网络的优势，把防病毒纳入到网络安全体系之中，形成一套完整的安全机制，使病毒无法逾越计算机安全保护的屏障，病毒便无法广泛传播。实践证明，这些防护措施和手段可以有效地降低计算机系统被病毒感染的概率，保障系统的安全、稳定运行。

1.病毒的预防

对病毒的预防在病毒防治工作中起主导作用。病毒预防是一个主动的过程，不是针对某一种病毒，而是针对病毒可能入侵的系统薄弱环节加以保护和监控。

而病毒治疗属于一个被动的过程，只有在发现一种病毒进行研究以后，才能找到相应的杀灭方法，这也是杀毒软件总是落后于病毒软件的原因。所以，病毒的防治重点应放在预防上。

（1）检查外来文件

对从网络上下载的程序和文档应十分小心。在执行文件或打开文档之前，检查是否有病毒。使用抗病毒软件动态检测来自互联网（含 E-mail）的所有文件。电子邮件的附件必须检查病毒后再打开，并在发送邮件之前检查病毒。从外部取得的光盘及下载的文档，应检查病毒后再使用。压缩后的文件应解压缩后检查病毒。

（2）局域网预防

为减少服务器上文件感染的危险，网络管理员应采取以下一些网络安全措施：

①用户访问约束，对可执行文件设置"read-only"或"executeonly"权限。

②使用抗病毒软件动态检查使用的文件。

③用抗病毒软件经常扫描服务器，及时发现问题和解决问题。

④使用无盘工作站可以降低计算机网络感染的风险。在网络上运行一个新软件之前，断开网络，在单独的计算机上运行测试，如果确认没有病毒，再到网络上运行。

（3）购买正版软件

购买或复制正版软件，可以降低感染的风险。另外，到可信赖的站点下载资源。但如何确定一个站点是安全的，目前还没有有效的方法。

（4）小心运行可执行文件

即使该文件是从文件服务器上下载的，也不要运行没有确认的文件。使用从可靠站点下载的程序，同时用抗病毒软件进行检测。如果该文件是从 BBS 或新闻组下载的，也不要匆忙运行。等一段时间，看有没有该类文件含病毒的报道。

使用一些能够驻留内存的防病毒软件，一旦被感染的文件执行，抗病毒软件会检测到该病毒，并阻止它继续运行。

（5）使用确认和数据完整性工具

这些工具保存磁盘系统区的数据和文件信息（校验和、大小、属性、最近修改时间等）。周期性地比较这些信息，发现不一致，则可能存在病毒或者木马。

经常使用 CHKDSK（磁盘检查）及 PCTOOLS（实用工具箱）等工具检查内存的使用情况。

（6）周期性备份工作文件

备份源代码文件、数据库文件和文档文件等的开销远小于病毒感染后恢复它们的开销。

（7）留心计算机出现的异常

计算机异常包括操作突然中止、系统无法启动、文件消失、文件属性自动变更、程序大小和时间出现异常、非使用者意图的计算机自行操作、计算机有不明音乐传出或死机、硬盘的指示灯持续闪烁、系统的运行速度明显变慢及上网速度缓慢等。当发现硬盘资料已遭到破坏时，不必急忙格式化硬盘，因病毒不可能在短时间内将全部硬盘资料破坏，故可利用灾后重建的解毒程序加以分析，重建受损扇区。

（8）及时升级抗病毒工具的病毒特征库和有关的杀毒引擎

升级工作应形成一种制度，制定升级周期。利用安全扫描工具定时扫描系统和主机。若发现漏洞，及时寻找解决方案，从而减少被病毒和蠕虫感染的机会。

（9）建立健全网络系统安全管理制度，严格操作规程和规章制度

管理好共享的个人计算机，确认何人、何时作何使用等。在整个网络中采用抗病毒的纵深防御策略，建立病毒防火墙，在局域网和 Internet 以及用户和网络之间进行隔离。

此外，还有其他的预防措施，如不需要每次从软盘启动，不要依赖于 BIOS（基本输入输出系统）内置的病毒防护，不要过分相信文档编辑器内置的宏病毒保护等。

当使用一种能查能杀的抗病毒软件时，最好是先查毒，找到带毒文件后，再确定是否进行杀毒操作。因为查毒不是危险操作，它可能产生误报，但绝不会对系统造成任何损坏；而杀毒是危险操作，有可能破坏程序。

2. 网络病毒的防治

（1）基于工作站的防治方法

工作站是网络的门，只要将这扇门关好，就能有效地防止病毒的入侵。单机反病毒手段，如单机反病毒软件、防病毒卡等同样可保护工作站的内存和硬盘，

因而这些手段在网络反病毒大战中仍然大有用武之地，在一定程度上可以有效阻止病毒在网络中的传播。

由于受硬件防毒技术的影响，反病毒专家还推出了另一种基于工作站的病毒防治方法，这就是工作站病毒防护芯片。

这种方法是将防病毒功能集成在一个芯片上，安装于网络工作站，以便经常性地保护工作站及其通往服务器的途径，其基本原理是基于网络上的每个工作站都要求安装网络接口卡，而网络接口上有一个 Boot ROM 芯片，因为多数网卡的 Boot ROM 并没有充分利用，都会剩余一些使用空间，所以如果防毒程序够小，就可以安装在 Boot ROM 的剩余空间内，而不必另插一块芯片。这样，将工作站存取控制与病毒保护能力合二为一，从而免去许多繁琐的管理工作。

市场上 Chipway 防毒芯片就是采用这种网络防毒技术的。在工作站 DOS 引导过程中，ROMBIOS、Extended BIOS 装入后，Partition Tab 装入前，Chipway 将会获得控制权，这样可以防止引导型病毒入侵。Chipway 特点如下：①不占主板插槽，避免了冲突；②遵循网络上国际标准；③具有其他工作站的防毒产品的优点。

（2）基于服务器的防治方法

服务器是网络的核心，一旦服务器被病毒感染，就会使整个网络陷于瘫痪。目前，基于服务器的防治病毒方法大都采用了以 NLM（Netware Loadable Module，可装载模块）技术进行程序设计，以服务器为基础，提供实时扫描病毒能力。

基于网络服务器的实时扫描病毒的防护技术一般具有以下功能：

①扫描范围广。采用此技术可随时对服务器中的所有文件实施扫描，并检查是否带毒。若有带毒文件，则向网络管理员提供几种处理方法，允许用户清除病毒，或删除带毒文件，或更改带毒文件名成为不可执行文件名，并隔离到一个特定的病毒文件目录。

②实时在线扫描。网络病毒技术必须保持全天 24 小时监控网络中是否有带毒文件进入服务器。为保证病毒监测的实时性，通常采用多线索的设计方法，让检测程序作为一个可以随时激活的功能模块。

③服务器扫描选择。该功能允许网络管理员定期检查服务器中是否带毒，例

如可按每月、每星期、每天集中扫描网络服务器。

④自动报告功能及病毒存档。当带毒文件有意或无意间被复制到服务器中时，网络防病毒系统必须立即通知网络管理员，同时记入档案。病毒档案一般包括病毒类型、病毒名称、带毒文件所在的目录及工作站标识等，另外还登记对病毒的处理方法。

⑤工作站扫描。考虑到基于服务器的防病毒软件不能保护本地工作站硬盘，有效方法是在服务器上安装防毒软件，同时在网上的工作站内存中调入常驻扫描程序，实时检测在工作站中运行的程序。

⑥对用户开放的病毒特征接口。若使防病毒系统能对付不断出现的新病毒，就要求开发商能够使自己的产品具有自动升级功能，其典型的做法是开放病毒特征数据库。用户随时将遇到的带毒文件，经过病毒特征分析程序，自动将病毒特征加入特征库，以随时增强抗毒能力。

基于网络服务器的防治病毒方法的优点主要表现在不占用工作站的内存，可以集中扫毒，能实现实时扫描功能，以及软件安装和升级都很方便等。特别是联网机器很多时，利用这种方法比为每台工作站都安装防病毒产品要节省成本。

病毒的入侵必将对系统资源构成威胁，即使是良性病毒也要侵吞系统的宝贵资源，因此防治病毒入侵要比病毒入侵后再加以清除重要得多。抗病毒技术必须建立"预防为主，消灭结合"的基本观念。

（二）检测病毒技术

要判断一个计算机系统是否感染病毒，首先要进行病毒检测，检测到病毒的存在后才能对病毒进行消除和预防，所以病毒的检测是至关重要的。通过检测及早发现病毒，并及时进行处理，可以有效地抑制病毒的蔓延，尽可能地减少损失。

检测计算机上是否被病毒感染，通常可以分为两种方法，即手工检测和自动检测。

手工检测是指通过一些工具软件，如 Debug.com、Petools.exe、Nu.com 和 Sysinfo.exe 等进行病毒的检测。其基本过程是利用这些工具软件，对易遭病毒攻击和修改的内存及磁盘的相关部分进行检测，通过与正常情况下的状态进行对比来判断是否被病毒感染。这种方法要求检测者熟悉计算机指令和操作系统，操作比较复杂，容易出错且效率较低，适合计算机专业人员使用，因而无法普及。但是，使用该方法可以检测和识别未知的病毒，以及检测一些自动检测工具不能识别的新病毒。

自动检测是指通过一些诊断软件和杀毒软件，来判断一个系统或磁盘是否有毒，如使用瑞星、金山毒霸、江民杀毒软件等。该方法可以方便地检测大量病毒，且操作简单，一般用户都可以操作。但是，自动检测工具只能识别已知的病毒，而且它的发展总是滞后于病毒的发展，所以自动检测工具总是对相对数量的病毒不能识别。

对病毒进行检测可以采用手工方法和自动方法相结合的方式。检测病毒的技术和方法主要有以下几种。

1. 比较法

比较法是将原始备份与被检测的引导扇区或被检测的文件进行比较。比较时可以利用打印的代码清单（比如 Debuz 的 D 命令输出格式）进行比较，或用程序来进行比较。这种比较法不需要专门的查杀计算机病毒程序，只用常规 DOS 软件和 PCTOOLS 等工具软件就可以进行。而且用这种比较法还可以发现那些尚不能被现有的查毒程序发现的计算机病毒。因为计算机病毒传播得很快，新的计算机病毒层出不穷，而且目前还没有研究出通用的能查出一切计算机病毒，或通过代码分析可以判定某个程序中是否含有计算机病毒的查毒程序，发现新计算机病毒就只能依靠比较法和分析法，有时必须将二者结合起来一同使用。

使用比较法能发现异常，如文件长度改变，或虽然文件长度未发生变化，但文件内的程序代码发生了变化。对硬盘主引导扇区或对 DOS 的引导扇区做检查，比较法能发现其中的程序代码是否发生了变化。由于要进行比较，保存好原始备份是非常重要的，制作备份时必须在无计算机病毒的环境下进行，制作好的备份必须妥善保管，贴上标签，并加上写保护。

比较法的优点是简单、方便，不需要专用软件。缺点是无法确认计算机病毒的种类和名称。另外，造成被检测程序与原始备份之间差别的原因尚需进一步验证，以查明是由于计算机病毒造成的，还是由于 DOS 数据被偶然原因，如突然停电、程序失控、恶意程序等破坏的。此外，当找不到原始备份时，用比较法也不能马上得到结论。因此制作和保留原始主引导扇区和其他数据备份是至关重要的。

2. 特征代码法

特征代码法是用每一种计算机病毒体含有的特定字符串对被检测的对象进行扫描。如果在被检测对象内部发现了某一种特定字符串，就表明发现了该字符串所代表的计算机病毒，这种计算机病毒扫描软件称为 Virus Scanner（病毒扫描者）。

计算机病毒扫描软件由两部分组成：一部分是计算机病毒代码库，含有经过特别选定的各种计算机病毒的代码串；另一部分是利用该代码库进行扫描的程序，目前常见的对已知计算机病毒进行检测的软件大多采用这种方法。计算机病毒扫描程序能识别的计算机病毒的数目完全取决于病毒代码库内所含病毒的种类多少。显然，库中病毒代码种类越多，扫描程序能识别的计算机病毒就越多。

计算机病毒代码串的选择是非常重要的。如果随意从计算机病毒体内选一段作为代表该计算机病毒的特征代码串，由于在不同的环境中，该特征串可能并不真正具有代表性，因而，选这种串作为计算机病毒代码库的特征串是不合适的。

还有一种情况是，代码串不应含有计算机病毒的数据区，因为数据区是会经常变化的。代码串一定要在仔细分析程序之后选出最具代表特性的，足以将该计算机病毒区别于其他计算机病毒的字符串。一般情况下，代码串由连续的若干个字节组成，但是有些扫描软件采用的是可变长串，即在串中包含有一个到几个模糊字节。扫描软件遇到这种串时，只要使除模糊字节之外的字符串都能完全匹配，就能判别出计算机病毒。

除了前面提到的特征串的规则外，最重要的一条是特征串必须能将计算机病毒与正常的非计算机病毒程序区分开。如果将非计算机病毒程序当成计算机病毒报告给用户，是假警报，就会使用户放松警惕，若真的计算机病毒一来，破坏就严重了，而且，若将假警报送给防杀计算机病毒的程序，会将正常程序"杀死"。

采用病毒特征代码法的检测工具，面对不断出现的新病毒，必须不断更新版本，否则检测工具会老化，逐渐失去实用价值。病毒特征代码法无法检测新出现的病毒。

特征代码法的实现步骤如下。

（1）采集已知病毒样本。如果病毒既感染 .com 文件又感染 .exe 文件，则要同时采集 COM 型病毒样本和 EXE 型病毒样本。

（2）在病毒样本中抽取特征代码，抽取的代码必须比较特殊，不大可能与普通正常程序代码相吻合。抽取的代码要有适当长度，维持特征代码的唯一性，在保持唯一性的前提下，尽量使特征代码长度短些，以减少空间与时间开销。在既感染 .com 文件又感染 .exe 文件的病毒样本中，要抽取两种样本共有的代码，并将特征代码纳入病毒数据库。

（3）打开被检测文件，在文件中搜索，检查文件中是否含有病毒数据库中的病毒特征代码。如果发现与病毒特征代码完全匹配的字串符，便可以断定被查文件感染何种病毒。

特征代码法的优点是检测准确快速、可识别病毒的名称、误报警率低，依据检测结果可做解毒处理。

特征代码法的缺点是不能检测未知病毒，且搜集已知病毒的特征代码费用开销大，在网络上效率低。

3. 分析法

分析法是防杀计算机病毒不可缺少的重要技术，任何一个性能优良的防杀计算机病毒系统的研制和开发都离不开专门人员对各种计算机病毒的详尽而准确的分析。

一般来说，使用分析法的人是防杀病毒的技术人员。使用分析法的步骤如下：（1）确认被观察的磁盘引导扇区和程序中是否含有计算机病毒；（2）确认计算机病毒的类型和种类，判定是否为一种新的计算机病毒；（3）弄清计算机病毒体的大致结构，提取用于特征识别的字符串或特征字，并添加到计算机病毒代码库供计算机病毒扫描和识别程序使用；（4）详细分析计算机病毒代码，为制定相应的防杀计算机病毒措施制定方案。

使用分析法要求具有比较全面的有关计算机、DOS、Windows、网络等的结构和功能调用，以及与计算机病毒相关的各种知识，这是与其他检测计算机病毒方法的不同之处。

此外，还需要反汇编工具、二进制文件编辑器等用于分析的工具程序和专用的试验计算机。因为即使是很熟练的防杀计算机病毒技术人员，使用性能完善的分析软件，也不能保证在短时间内将计算机病毒代码完全分析清楚。而计算机病毒有可能在分析阶段继续传染甚至发作，把软盘、硬盘内的数据完全毁坏，这就要求分析工作必须在专门设立的试验计算机上进行。在不具备条件的情况下，不要轻易开始分析工作，很多计算机病毒采用了自加密、反跟踪等技术，使得分析计算机病毒的工作经常是冗长和枯燥的。特别是某些文件型计算机病毒的代码长度可达 10 KB 以上，并与系统的层次关联，使详细的剖析工作十分复杂。

分析的步骤分为静态分析和动态分析两种。静态分析是指利用反汇编工具将计算机病毒代码打印成反汇编指令程序清单后进行分析，以便了解计算机病毒分成哪些模块，使用了哪些系统调用，采用了哪些技巧，并将计算机病毒感染文件的过程翻转为清除该计算机病毒、修复文件的过程。分析人员的素质越高，分析过程越快、理解越深。动态分析则是指利用 Debug（排除故障）等调试工具在内存带毒的情况下，对计算机病毒做动态跟踪，观察计算机病毒的具体工作过程以进一步在静态分析的基础上理解计算机病毒的工作原理。在计算机病毒编码比较简单的情况下，动态分析不是必需的。但当计算机病毒采用了较多的技术手段时，必须使用动静相结合的分析方法完成整个分析过程。

4. 校验和法

计算正常文件的校验和，并将结果写入此文件或其他文件中保存。在文件使用过程中或使用之前，定期检查文件的校验和与原来保存的校验和是否一致，从而可以发现文件是否被感染，这种方法称为校验和法。在 SCAN 和 CPAV 工具的后期版本中除了病毒特征代码法外，还纳入校验和法，以提高其检测能力。

利用这种方法既能发现已知病毒，也能发现未知病毒，但是，它不能识别病毒类，不能报出病毒名称。由于病毒感染并非文件内容改变的唯一原因，文件内容的改变有可能是正常程序引起的，所以校验和法经常产生误报警，而且会影响文件的运行速度。

运用校验和法查杀病毒采用以下 3 种方式。

（1）在检测病毒工具中纳入校验和法，对被查文件计算其正常状态的校验和，将校验和值写入被查文件中或检测工具中，而后进行比较。

（2）在应用程序中，放入校验和法自我检查功能，将文件正常状态的校验和写入文件中，每当应用程序被启动时，比较现行校验和与原校验和值，实现应用程序的自检测。

（3）将校验和检查程序常驻内存，每当启动应用程序时，自动比较应用程序内部或其他文件中预先保存的校验和。

校验和法的优点是方法简单，能发现未知病毒，也能发现被查文件的细微变化。缺点是会误报警，不能识别病毒名称，不能对付隐蔽型病毒。

5. 行为监测法

利用病毒的特有行为特征来监测病毒的方法，称为行为监测法。病毒具有某些共同行为，而且这些行为比较特殊。在正常程序中，这些行为比较罕见。当程序运行时，监视其行为，如果发现病毒行为则立即报警。

监测病毒的行为特征如下：

（1）占有 INT13H 所有的引导型病毒，都攻击 Boot 扇区或主引导扇区。系统启动后，当 Boot 扇区或主引导扇区获得执行权时，一般引导型病毒都会占用 INT13H 功能，并在其中放置病毒所需的代码。

（2）修改 DOS 系统数据区的内存总量。病毒常驻内存后，为防止 DOS 系统将其覆盖，必须修改系统内存总量。

（3）对 .com、.exe 文件做写入操作。病毒要感染，必须写 .com、.exe 文件。

（4）病毒程序与宿主程序进行切换。染毒程序在运行过程中，先运行病毒，而后执行宿主程序。在两者切换时有许多特征行为。

行为监测法的优点是可发现未知病毒，能够相当准确地预报未知的多数病毒。

6. 软件仿真扫描法

该技术专门用于对付多态性计算机病毒。多态性计算机病毒在每次传染时，都将自身以不同的随机数加密于每个感染的文件中，传统的特征代码法根本无法找到这种计算机病毒。因为多态性病毒代码实施密码化，而且每次所用密钥不同，即使把染毒的病毒代码相互比较，也无法找出相同的可能作为特征的稳定代码。虽然行为监测法可以检测多态性病毒，但是在检测出病毒后 X 因为不能判断病毒的种类，所以难以做进一步处理。软件仿真技术则能成功地仿真 CPU 执行，在 DOS 虚拟机下伪执行计算机病毒程序，安全将其解密，然后再进行扫描。

7. 先知扫描法

先知扫描技术是继软件仿真后的又一大技术突破。既然软件仿真可以建立一个保护模式下的 DOS 虚拟机，仿真 CPU 动作并伪执行程序以解开多态变形计算机病毒，那么与应用类似的技术也可以用于分析一般程序，检查可疑的计算机病毒代码。先知扫描技术就是将专业人员用来判断程序是否存在计算机病毒代码的方法，分析归纳成专家系统和知识库，再利用软件仿真技术伪执行新的计算机病毒，超前分析出新计算机病毒代码，用于对付以后的计算机病毒。

8. 人工智能陷阱技术和宏病毒陷阱技术

人工智能陷阱是一种监测计算机行为的常驻式扫描技术。它将所有计算机病毒所产生的行为归纳起来，一旦发现内存中的程序有任何不当的行为，系统就会有所警觉，并告知使用者。这种技术的优点是执行速度快、操作简便，且可以检测到各种计算机病毒；其缺点是程序设计难度大，且不容易考虑周全。在这千变万化的计算机病毒世界中，人工智能陷阱扫描技术是具有主动保护功能的新技术。

宏病毒陷阱技术则是结合了特征代码法和人工智能陷阱技术，根据行为模式来检测已知及未知的宏病毒。其中，配合 OLE2 技术，可将宏与文件分开，使得扫描速度加快，而且能更有效地彻底清除宏病毒。

9. 实时 I/O 扫描

实时 I/O 扫描的目的在于即时对计算机上的输入 / 输出数据作病毒码比对，希望能够在病毒尚未被执行之前，将病毒防御于门外。理论上，这样的实时扫描技术会影响到数据的输入 / 输出速度。其实不然，在文件输入之后，就等于扫过一次毒了。如果扫描速度能够提高很多，这种方法确实能对数据起到一个很好的保护作用。

10. 网络病毒检测技术

随着互联网在全世界的广泛普及，网络已成为病毒传播的新途径，网络病毒也成为黑客对用户或系统进行攻击的有效工具，所以有效地检测网络病毒已经成为病毒检测的最重要部分。

网络监测法是一种检查、发现网络病毒的方法。根据网络病毒主要通过网络传播的特点感染网络病毒的计算机一般会发送大量的数据包，产生突发的网络流量，有的还开放固定的 TCP/IP 端口。用户可以通过流量监视、端口扫描和网络监听来发现病毒，这种方法对查找局域网内感染网络病毒的计算机比较有效。

四、计算机病毒发展的新技术

计算机病毒的广泛传播，推动了反病毒技术的发展。新的反病毒技术的出现，又迫使计算机病毒技术再次更新。两者相互激励，呈螺旋式上升，不断地提高各自的水平，在此过程中出现了许多计算机病毒新技术，主要目的是使计算机病毒能够广泛地进行传播。

（一）抗分析病毒技术

抗分析病毒技术是针对病毒分析技术的，为了使病毒分析者难以清楚地分析出病毒原理，这种病毒综合采用了以下两种技术：

（1）加密技术。这是一种防止静态分析的技术，它使分析者无法在不执行病毒的情况下阅读加密过的病毒程序。

（2）反跟踪技术。此技术使分析者无法动态跟踪病毒程序的运行。

在无法静态分析和动态跟踪的情况下，病毒分析者是无法知道病毒工作原理的。

（二）隐蔽性病毒技术

计算机病毒不需要采取隐蔽技术就能达到广泛传播的目的。计算机病毒刚开始出现时，人们对这种新生事物认识不足，然而，当人们越来越了解计算机病毒，并有了一套成熟的检测病毒的方法时，病毒若广泛传播，就必须能够躲避现有的病毒检测技术。

难以被人发现是病毒的重要特性。隐蔽好，不易被发现，可以争取较长的存活期，造成大面积的感染，从而造成大面积的伤害。隐蔽自己不被发现的病毒技术称为隐蔽性病毒技术，它是与计算机病毒检测技术相对应的，此类病毒使自己融入运行环境中，隐蔽行踪，使病毒检测工具难以发现自己。一般来说，有什么样的病毒检测技术，就有相应的隐蔽性病毒技术。

若计算机病毒采用特殊的隐形技术，则在病毒进入内存后，用户几乎感觉不到它的存在。

（三）多态性病毒技术

多态性病毒是指采用特殊加密技术编写的病毒，这种病毒每感染一个对象，就采用随机方法对病毒主体进行加密，不断改变其自身代码，这样放入宿主程序中的代码互不相同，不断变化，同一种病毒就具有了多种形态。

多态性病毒是针对查毒软件而设计的，所以随着这类病毒的增多，查毒软件的编写也变得更困难，并且还会带来误报。国际上造成全球范围内的传播和破坏的第一例多态性病毒是 TEQUTLA 病毒，从该病毒的出现到编制出能够完全查出该病毒的软件，研究人员花费了 9 个月的时间。

多态性病毒的出现给传统的特征代码检测法带来了巨大的冲击，所有采用特征代码法的检测工具和清除病毒工具都不能识别它们。被多态性病毒感染的文件中附带着病毒代码，每次感染都使用随机生成的算法将病毒代码密码化。由于其组合的状态多得不计其数，所以不可能从该类病毒中抽出可作为依据的特征代码。

多态性病毒也存在一些无法弥补的缺陷，所以，反病毒技术不能停留在先等待被病毒感染，然后用查毒软件扫描病毒，最后再杀掉病毒这样被动的状态。而应该采取主动防御的措施，采用病毒行为跟踪的方法，在病毒要进行传染、破坏时发出警报，并及时阻止病毒做出任何有害操作。

（四）超级病毒技术

超级病毒技术是一种很先进的病毒技术。其主要目的是对抗计算机病毒的预防技术。信息共享使病毒与正常程序有了汇合点。病毒借助于信息共享能够获得感染正常程序、实施破坏的机会。如果没有信息共享，正常程序与病毒相互完全隔绝，没有任何接触机会，病毒便无法攻击正常程序。反病毒工具与病毒之间的关系也是如此。如果病毒作者能找到一种方法，当一个计算机病毒进行感染、破坏时，让反病毒工具无法接触到病毒，消除两者交互的机会，那么反病毒工具便失去了捕获病毒的机会，从而使病毒的感染、破坏过程得以顺利完成。

由于计算机病毒的感染、破坏必然伴随着磁盘的读写操作，所以预防计算机病毒的关键在于，病毒预防工具能否获得运行的机会以对这些读写操作进行判断分析。超级病毒技术就是在计算机病毒进行感染、破坏时，使得病毒预防工具无法获得运行机会的病毒技术。

一般病毒攻击计算机时，往往窃取某些中断功能，要借助 DOS 才能完成操作。反病毒工具都在 DOS 中设置了许多陷阱，监视着系统中许多病毒欲攻击的敏感点，等待病毒触碰这些警戒点，一旦掉入陷阱，病毒便被捕获。超级病毒的作者以更高的技术编写了完全不借助于 DOS 系统而能攻击计算机的病毒，此类病毒攻击计算机时，完全依靠病毒内部代码来进行操作，避免碰触 DOS 系统，因而不会掉入反病毒陷阱，使抗病毒工具极难捕获它。一般的软件或反病毒工具遇到此类病毒都失效。超级计算机病毒目前还比较少，因为它的技术还不为许多人所知，而且编制起来也相当困难。然而一旦这种技术被越来越多的人掌握，同时结合多态性病毒技术、插入性病毒技术，这类病毒将给反病毒的艰巨事业增加困难。

（五）插入性病毒技术

病毒感染文件时，一般将病毒代码放在文件头部，或者放在尾部，虽然可能对宿主代码做某些改变，但总的来说，病毒与宿主程序有明确界限。

插入性病毒在不了解宿主程序的功能及结构的情况下，能够将宿主程序拦腰截断。在宿主程序中插入病毒程序，此类病毒的编写也是相当困难的。如果对宿主程序的切断处理不当，则很容易死机。

第四章　计算机信息安全风险管理与评估

本章讲述的是计算机信息安全风险管理与评估，主要从以下几个方面进行具体论述，分别为计算机信息安全风险管理和计算机信息安全风险评估两部分内容。

第一节　计算机信息安全风险管理

信息安全风险管理是指对信息安全项目从识别到分析乃至采取应对措施等一系列过程，它包括将积极因素所产生信息安全风险管理流程的影响最大化和使消极因素产生的影响最小化两方面内容。

一、信息安全风险管理的定义与基本性质

（一）信息安全风险管理的定义

信息安全风险管理是指通过风险识别、风险分析和风险评价去认识信息安全项目的风险，以此为基础合理地采取各种风险应对措施、管理方法技术和手段，对信息安全项目的风险实行有效的控制，妥善地处理风险事件造成的不利后果，以最小的成本保证信息安全总体目标实现的管理工作。

通过界定信息安全范围，可以明确信息安全项目的范围，将信息安全项目的任务细分为更具体、更便于管理的部分，避免遗漏而产生风险。在信息安全项目进行过程中，各种变更是不可避免的，变更会带来某些新的不确定性，风险管理可以通过对风险的识别、分析来评价这些不确定性，从而向信息安全项目的管理提出任务。

（二）信息安全风险管理的基本性质

信息安全风险管理基本性质表现为风险的客观性和风险的不确定性。风险的客观性，首先表现在它的存在是不以个人的意志为转移的。从根本上说，这是因为决定风险的各种因素对风险主体是独立存在的，不管风险主体是否意识到风险的存在，在一定条件下仍有可能变为现实。其次，还表现在它是无时不有、无所不在的，它存在于人类社会的发展过程中，潜藏于人类从事的各种活动之中。风险的不确定性是指风险的发生是不确定的，即风险的程度有多大、风险何时何地有可能转变为现实均是不确定的。这是由于人们对客观世界的认识受到各种条件的限制，不可能准确预测风险的发生。

风险一旦产生，就会使风险主体产生挫折、失败甚至损失，这对风险主体是极为不利的。风险的不利性要求我们在承认风险、认识风险的基础上做好决策，尽可能地避免风险，将风险的不利性降至最低。风险的可变性是指在一定条件下风险可以转化。

二、我国计算机信息安全风险管理的发展历程

（一）信息安全风险管理的理论基础研究

计算机的安全问题是从 20 世纪 60 年代开始初步显现。1967 年，美国多个科研机构开始对计算机的信息安全问题进行研究，根据最初的研究总结出了《计算机安全控制》的报告，主要分析了计算机信息的安全风险问题。之后，又推出了关于信息安全的风险管理及评测标准，这些标准的推出为计算机机信息的安全风险管理奠定了坚实的基础。

（二）信息安全风险管理理论深入研究

我国开始于 20 世纪 90 年代普及计算机，由于计算机在各个领域的迅速发展，计算机信息安全风险管理的问题越来越受到各个国家的重视，信息的更新速度也逐渐加快，信息安全风险管理理论得到深入研究，计算机系统逐渐形成了信息化的应用。美国在 1989 年建立了关于计算机信息安全事件的论坛。随后，联合委

员会明确提出了计算机的信息安全需建立在风险管理的基础上。1993 年，欧美六个国家提出了关于安全评测标准的策划，同时，英国自制了关于风险管理的管理标准。美国在 1995 年对国防系统的信息系统进行了大规模风险评估，次年发布了关于降低计算机安全风险的报告。1996 年，国际标准化组织制定了《信息技术信息安全管理指南》，其中重点强调了要注重操作性能，保障计算机信息的安全管理。

随着时代的不断进步，计算机技术的飞速发展，不少发达国家的政治、经济及文化开始过度依赖于计算机信息的基础设施，同时又出现了强大的黑客攻击，信息技术犹如新型的作战技术，在当前的形势下，计算机信息的安全问题成为各国面临的巨大挑战，因此，还需进一步加强对计算机信息的安全风险管理。于是，1999 年国际上颁布了关于信息技术安全评估的准则；次年，颁布了关于计算机信息安全的管理实用规则。这两大准则的颁布，直接推动了计算机信息安全风险管理的进程。计算机信息的安全风险管理的研究内容有很多。比如，分析人员结构、人员之间的沟通协作流程，相关的制作规范和调节机制，业务信息和数据范围，动态和静态的数据管理要求，对交换的业务进行统一的规范，构建安全、协调、科学的管理体系和沟通协作模型，建立安全的管理支撑平台，等等。在 2001 年，国际标准化组织颁布了《信息安全管理实施指南》，主要提出了关于风险管理的信息安全管理体系的构建。

三、我国计算机信息安全风险管理的发展趋势

20 世纪 90 年代以来，随着我国信息技术的不断发展，信息安全问题也日益突出，对计算机信息安全的风险管理及发展趋势有了更多的研究。由于信息安全问题日益突出、有效的管理手段与网络管理需求还不相适应，相关研究项目陆续上马。2002 年，我国开始研究《系统安全风险分析和评估方法研究》的课题，组建了信息安全风险的评估小组，对计算机信息安全风险进行了详细研究，主要介绍了国外国家在这一方面的管理、方法等，对我国的计算机信息安全风险管理有很大的促进。计算机信息安全风险管理在某种意义上实现了数据和信息资源直接

的共享、数据之间的交换，构建了安全管理机制和支撑平台，所采用沟通的方式也是安全、科学、智能的，可以说，其安全智能管理体系的建立不仅满足了计算机行业可持续发展的要求，而且提高了安全智能管理的工作协调与效率。

随后开始了对计算机信息安全风险管理的应用及创新进行研究。计算机信息的安全风险管理至关重要，不仅帮助科研机构、高校等保障信息的安全，在某种程度上还促进了我国计算机信息安全风险的积极管控。但是，由于我国计算机信息安全风险管理研究还处于初级发展阶段，在理论和实践方面的研究还存在很多不足，虽然国外的计算机信息安全风险管理体系比较成熟，但是不适合我国的具体国情，且不能满足我国的信息安全管理的要求，所以我国还需对适合我国信息安全环境的信息系统信息寻找科学、合适的方法和开展进一步研究。

四、我国计算机信息安全风险管理的主要问题及对策

（一）我国计算机信息安全风险管理的主要问题

如今，随着计算机的迅速发展已进入到了网络信息时代，我们可以直接从网上获取信息资源，这也使我们的生活有了很大改变。我们必须要加强对当前的计算机信息环境的管理进一步加强计算机信息的安全化建设。计算机信息安全风险管理系统在实际工作中采用的是不同的技术方法，从而适应不同的功能需要。计算机信息安全风险管理主要有功能子系统和基础子系统，功能子系统包括公共数据管理、专业业务管理、自定义平台、电短信平台管理等，基础子系统包括数据同步服务、系统管理、任务调度服务等。虽然我国计算机信息安全风险管理取得了较大的发展，但是由于起步较晚，在安全风险管理体系的应用和建设上还存在很多缺点。比如，我国的部分党政机关部门对计算机信息的要求较为严格，而实际上现实生活中的计算机信息安全风险管理达不到这种要求。而且对于国际计算机信息安全风险的管理体系和经验并没有根据我国的国情进行结合，照搬照抄国外的理论与经验，对我国的计算机信息安全风险管理没有起到多大的作用。因此，加强对我国计算机信息安全风险的管理显得尤为重要和迫在眉睫。

（二）计算机风险管理的相关解决对策

依据上述情况，我国计算机信息安全风险管理的主要问题还是很突出，还需要有针对性地制定出相关解决对策，归纳起来主要存在两大问题：一是国家对计算机安全管理的要求与现实中的信息安全管理不符，二是照搬照抄西方国家的安全风险管理体系。

为了能进一步提升计算机信息安全性，使我国计算机信息安全风险管理得到进一步发展，首先，要建设符合我国国情发展的计算机信息安全风险管理理论体系：其次，需要制定出符合我国国情的管理标准，并从行政机关部门开始实施，这样从根本上有效提升计算机信息安全风险管理，并将理论与实践相结合，根据实际情况针对性地展开国情化、地域化、单位化、个体化的应用等。

第二节　计算机信息安全风险评估

一、信息安全风险评估的基本特点和内涵

（一）信息安全风险评估的基本特点

1. 决策支持性

所有的安全风险评估都旨在为安全管理提供支持和服务，无论它发生在系统生命周期的哪个阶段，所不同的只在于其支持的管理决策阶段和内容。

2. 比较分析性

对信息安全管理和运营的各种安全方案进行比较，对各种情况下的技术、经济投入和结果进行分析、权衡。

3. 前提假设性

在风险评估中所使用的各种评估数据有两种，一是系统既定事实的描述数据，二是根据系统各种假设前提条件确定的预测数据[①]。不管发生在系统生命周期的哪个阶段，在评估时，人们都必须对尚未确定的各种情况做出必要的假设，然后确

---

① 吴晓平，付钰编 . 信息安全风险评估教程 [M]. 武汉：武汉大学出版社，2011.

定相应的预测数据，并据此做出系统风险评估。没有哪个风险评估不需要给定假设前提条件，因此信息安全风险评估具有前提假设性这一基本特性。

4. 时效性

必须及时使用信息安全风险评估的结果，过期则可能出现失效而无法使用的情况，失去风险评估的作用和意义。

5. 主观与客观集成性

信息安全风险评估是主观假设和判断与客观情况和数据的结合。

6. 目的性

信息安全风险评估的最终目的是为信息安全管理决策和控制措施的实施提供支持。

（二）信息安全风险评估的内涵

风险评估是信息安全建设和管理的科学方法。风险评估是信息安全等级保护管理的基础工作，是系统安全风险管理的重要环节。风险评估是信息安全保障工作的重要方法，是风险管理理论和方法在信息化中的运用，是正确确定信息资产、合理分析信息安全风险、科学管理风险和控制风险的过程。信息安全旨在保护信息资产免受威胁，考虑到各类威胁，绝对安全可靠的网络系统并不存在，只能通过一定的措施把风险降低到可以接受的程度。信息安全评估是有效保证信息安全的前提条件。只有准确了解系统安全需求、安全漏洞及其可能的危害，才能制定正确的安全策略，实施正确的信息安全对策。另外，风险评估也是制定安全管理措施的依据之一。还有，客户单位业务主管并不是不重视信息安全工作，而是不知道具体的信息安全风险是什么，不知道信息安全风险来自何方、有多大，不知道做好信息安全工作要投入多少人力、财力、物力，不知道应采取什么样的措施来加强信息安全保障工作，对已采取的信息安全措施也不知道是否有效。所以我们说信息安全风险评估应该成为各个单位信息化建设的一种内在要求，各主管和应用单位应该负责好自己系统的信息安全风险评估工作。

风险评估是分析确定风险的过程。风险评估是依据国家标准规范，对信息系统的完整性、保密性、可用性等安全保障性能进行科学、公正的综合评估活动。它是确认安全风险及其大小的过程，即利用适当的风险评估工具，包括定性和定量的方法，确认信息资产自身的风险等级和风险控制的优先顺序。风险评估是识别系统安全风险并确定风险出现的概率、结果的影响以及提出补充的安全措施以缓和风险影响的过程。风险评估是信息安全建设的起点和基础，科学地分析理解信息和信息系统在保密性、完整性、可用性等方面所面临的风险，并在风险的预防、风险的减少、风险的转移、风险的补偿、风险的分散等之间做出决策。风险评估是在倡导一种适度安全。随着信息技术在国家各个领域的广泛应用，传统的安全管理方法已不适应信息技术带来的变化，不能科学全面地分析、判断网络和信息系统的安全状态，在网络和信息系统建设、运行过程中，出现了不能采取适当的安全措施、投入适当的安全经费，以达到适当的安全目标的偏差。

信息安全风险评估就是从风险管理的角度，运用科学的方法和手段，系统地分析网络与信息系统所面临的威胁及存在的脆弱性，评估安全事件一旦发生可能造成的危害程度，提出针对性抵御的防护对策和整改措施，并为防范和化解信息安全风险或者将风险控制在可接受的水平，最大限度地保障网络和信息安全提供科学依据。

风险评估在信息安全保障体系建设中具有不可替代的地位和重要作用，它是实施等级保护的前提，又是检查、衡量系统安全状况的基础工作。风险评估是分析确定风险的过程。分析确定系统风险及其大小，进而决定采取什么措施去减少、转移、避免和对抗风险，确定把风险控制在可以容忍的范围内，这就是风险评估的主要流程。

二、信息安全风险评估的过程

（一）风险评估基本步骤

风险评估方法具有多样、灵活的特点。此外，对风险评估方法的选择又依据组织的特点进行，因此又具有一定的自主性。但无论如何，信息安全风险评估过程应包括以下基本操作步骤：（1）风险评估准备，包括确定评估范围、组织评估小组；（2）风险因素识别；（3）风险确定；（4）风险评价；（5）风险控制。信息安全风险评估过程如图 4-2-1 所示。

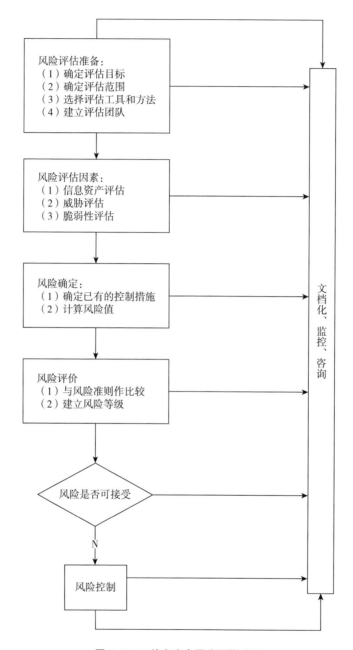

图 4-2-1 信息安全风险评估过程

为使风险评估更加有效，这一过程应该作为组织业务过程的一部分来看待。风险管理人员希望风险分析和评估过程能够对组织的业务目标起到积极的支持作用，需要强调的是，风险评估过程成功与否关键在其能否被组织所接受。一个有效的风险评估过程将发现组织的需求，并与组织的管理人员积极合作，共同达成组织目标。

为使风险评估能够成功进行，评估人员需要了解客户或企业管理者真正需要什么，并努力满足其需求。对一个信息安全从业人员来说，风险评估过程主要关注的是信息资源的机密性、可用性和完整性。

风险评估过程应根据组织机构的业务运作情况随时进行调整，许多时候企业的管理者都被告知需要增加一些安全控制措施，并且这些安全控制措施是审计的需要或者是安全的需要，而不是商业方面的要求。风险评估工作就是要在风险分析的基础上，帮助用户找到对业务运行有利的安全控制措施和对策。

（二）风险评估准备

良好的风险评估准备工作，是使整个风险评估过程高效完成的保证。计划实施风险评估是组织的一种战略性考虑，其结果将受到组织业务战略、业务流程、安全需求、系统规模和组成结构等方面的影响。因此，在实施风险评估之前，应做到以下几点。

1.确定风险评估的目标

在风险评估准备阶段应明确风险评估的目标，为风险评估的过程提供导向。信息系统是企业的重要资产，其机密性、完整性和可用性对维持企业的竞争优势、获利能力、法规要求和企业形象等具有十分重要的意义。企业要面对日益增长的、来自内部和外部的安全威胁。风险评估目标需要满足企业持续发展在安全方面的要求、满足相关方的要求、满足法律法规的要求等。

2.确定风险评估的范围

基于风险评估目标确定风险评估范围是完成风险评估的又一个前提。风险评估范围可能是企业全部的信息以及与信息处理相关的各类资产、管理机构，也可能是某个独立的系统、关键业务流程、与客户知识产权相关的系统或部门等。

3. 选择与组织机构相适应的具体风险判断方法

在选择具体的风险判断方法时，应考虑到评估的目的、范围、时间、效果、人员素质等诸多因素，使之能够与组织环境和安全要求相适应。

4. 建立风险评估团队

组建适当的风险评估管理与实施团队，以支持整个过程的顺利推进。如成立由管理层、相关业务骨干、信息技术人员等组成的风险评估小组。风险评估团队应能够保证风险评估工作的高效开展。

5. 获得最高管理者的支持

风险评估过程应得到最高管理者的支持、批准，并对管理层和技术人员进行传达，应在组织内部对风险评估的相关内容进行培训，以明确相关人员在风险评估中的任务。

（三）风险因素评估

1. 资产评估

信息资产的识别和赋值是指确定组织信息资产的范围，对信息资产进行识别、分类和分组等，并根据其安全特性进行赋值的过程。

信息资产识别和赋值可以确定评估的对象，是整个安全服务工作的基础。另外，本阶段还可以帮助客户实现信息资产识别和价值评定过程的标准化，确定一份完整的、最新的信息资产清单，这将为客户的信息资产管理工作提供极大帮助。

信息资产识别和赋值的首要步骤是识别信息资产，制定"信息资产列表"。信息资产按照性质和业务类型等可以分成若干资产类，如数据、软件、硬件、设备、服务和文档等。根据不同的项目目标与项目特点，重点识别的资产类别会有所不同，在通常的项目中一般以数据、软件和服务为重点。

资产赋值可以为机密性、完整性和可用性这三个安全特性分别赋予不同的价值等级，也可以用相对信息价值的货币来衡量。根据不同客户的行业特点、应用特性和安全目标，资产三个安全特性的价值会有所不同，如电信运营商更关注可用性，军事部门更关注机密性等。

"信息资产列表"将对项目范围内的所有相关信息资产做出明确的鉴别和分

类，并将其作为风险评估工作后续阶段的基础与依据。

2.威胁评估

威胁是指对组织的资产引起不期望事件而造成损害的潜在可能性。威胁可能源自对企业信息直接或间接的攻击，如非授权的泄露、篡改、删除等，从而使信息资产在机密性、完整性或可用性等方面造成损害；威胁也可能源自偶发或蓄意的事件。

一般来说，威胁只有利用企业、系统、应用或服务的弱点才有可能对资产成功实施破坏。威胁被定义为不期望发生的事件，这些事件会影响业务的正常运行，使企业不能顺利达成其最终目标。一些威胁是在已存在控制措施的情况下发生的，这些控制措施可能是没有正确配置或过了有效期的，因此为威胁进入操作环境提供了机会，这个过程就是我们通常所说的利用漏洞的过程。威胁评估是指列出每项抽样选取的信息资产面临的威胁，并对威胁发生的可能性进行赋值。威胁发生的可能性受以下两方面因素影响：（1）资产的吸引力和曝光程度、组织的知名度，这主要在考虑人为故意威胁时使用；（2）资产转化成利润的容易程度，包括财务的利益、黑客获得运算能力很强和带宽很大的主机的使用权等利益，这主要在考虑人为故意威胁时使用。

在对威胁进行评估之前，首先需要对威胁进行分析，威胁分析主要包括以下内容：潜在威胁分析是指对用户信息安全方面潜在的威胁和可能的入侵做出全面的分析。潜在威胁主要是指根据每项资产的安全弱点而引发的安全威胁。通过对漏洞的进一步分析，可以对漏洞可能引发的威胁进行赋值，主要是依据威胁发生的可能性和造成后果的严重性来对其赋值。潜在威胁分析过程主要基于当前社会普遍存在的威胁列表和统计信息。威胁审计和入侵检测是指利用审计和技术工具对组织面临的威胁进行分析。威胁审计是指利用审计手段发现组织曾经发生过的威胁并加以分析。威胁审计的对象主要包括组织的安全事件记录、故障记录、系统日志等。在威胁审计过程中，咨询顾问收集这些历史资料，寻找异常现象，从中发现威胁情况并编写审计报告。入侵检测主要作用于网络空间，是指利用入侵检测系统对组织网络当前阶段所经受的内部和外部攻击或威胁进行分析。威胁评估主要包括以下内容：威胁识别，建立威胁列表。建立一个完整的威胁列表可以有许多不同的方法。例如，可以建立一个检查列表，但需要注意不要过分依赖这种列表，如果使用不当，这种列表可能会造成评估人员思路的任意发散，使问题变得庞杂，因此在使用检查列表之前首先需要确保所涉及的威胁已被确认且全部威胁得到了覆盖。在确定风险级别（可能性与影响）时，应建立一个评估框架，通过它来确定风险情况。另外，还应考虑到已有控制措施对威胁可能产生的阻碍作用。典型的做法是：在对某个框架进行评估时，首先假设发现的威胁是在没有控制措施的情况下发生的，这样有助于风险评估小组建立一个最基本的风险基线，在此基线基础上再来识别安全控制和安全防护措施，以及评价这些措施的有效性。威胁发生概率和产生影响的评估结论是识别和确定每种威胁发生风险的等级。对风险进行等级化需要对威胁产生的影响做出定义，如可将风险定义为高、中、低等风险，也可以建立一个概率——影响矩阵，即风险矩阵，如图 4-2-2 所示。

威胁产生的影响

	高	中	低
高	高	高	中
中	高	高	中
低	中	中	低

（左侧纵向：威胁发生的可能性；右侧纵向：风险大小）

图 4-2-2　风险矩阵

3. 弱点评估

弱点评估是指通过技术检测、试验和审计等方法，寻找用户信息资产中可能存在的弱点，并对弱点的严重性进行估值。弱点的严重性主要是指可能引发的影响的严重性，因此与影响密切相关。关于技术性弱点的严重性，一般都是指可能引发的影响的严重性，通常将之分为高、中、低三个等级：

（1）高等级。可能导致超级用户权限被获取、机密系统文件被读/写、系统崩溃等严重资产损害的影响，一般指远程缓冲区溢出、超级用户密码强度太弱、严重拒绝服务攻击等弱点。

（2）中等级。介于高等级和低等级之间的弱点，一般不能直接被威胁利用，需要和其他弱点组合后才能产生影响，或者可以直接被威胁利用，但只能产生中等影响。一般指不能直接被利用而造成超级用户权限被获取、机密系统文件被读／写、系统崩溃等影响的弱点。

（3）低等级。可能会导致一些非机密信息泄露、非严重滥用和误用等不太严重的影响。一般指信息泄露、配置不规范。如果配置不当可能会引起危害的弱点，这些弱点即使被威胁利用也不会引起严重的影响。参考这些业界通用的弱点严重性等级划分标准，在实际工作过程中一般采用以下等级划分标准，即把资产的弱点严重性分为5个等级，分别为很高（VH）、高（H）、中等（M）、低（L）、可忽略（N），并且从高到低分别赋值为4、3、2、1、0，如表4-2-1所示。

表4-2-1　弱点严重性赋值标准

赋值	简称	说明
4	VH	该弱点若被威胁利用，可以造成资产全部损失或不可用、持续业务中断、巨大财务损失等非常严重的影响
3	H	该弱点若被威胁利用，可以造成资产重大损失、业务中断、较大财务损失等严重的影响
2	M	该弱点若被威胁利用，可以造成资产损失、业务受到损害、中等财务损失等影响
1	L	该弱点若被威胁利用，可以造成较小资产损失并立即可以控制、较小财务损失等影响
0	N	该弱点可能造成资产损失可以被忽略，对业务基本无损害，只造成轻微或可忽略的财务损失等影响

在实际评估工作中，技术性弱点的严重性值一般参考扫描器或CVE标准中的值，并作适当修正，以获得适用的弱点严重性值。弱点评估可以分别在管理和技术两个层面上进行，主要包括技术弱点检测、网络构架与业务流程分析、策略与安全控制实施审计、安全弱点综合分析等。

技术弱点检测是指通过工具和技术手段对用户实际信息进行弱点检测。技术弱点检测包括扫描和模拟渗透测试。根据扫描范围不同，分为远程扫描和本地扫描。

（1）远程扫描：从组织外部用扫描工具对整个网络的交换机、服务器、主机和客户机进行检查，检测这些系统是否存在已知弱点。远程扫描对统计分析用户信息系统弱点的分布范围、出现概率等起着重要作用。在远程扫描过程中，咨询顾问首先需要制订扫描计划，确定扫描内容、工具和方法，在计划中必须考虑到扫描过程对系统正常运行可能造成的影响，并提出相应的风险规避和紧急处理、恢复措施，然后向客户提交扫描申请，征得客户同意后开始部署扫描工具，配置并开始自动扫描过程。远程扫描的时间一般视扫描范围和数量而定。远程扫描完成后，咨询顾问对扫描结果进行分析，并编制完成《远程扫描评估报告》。

（2）本地扫描：从组织内部用扫描工具对内部网络的交换机、服务器、主机和客户机进行检查，检测这些系统是否存在已知弱点。由于大部分组织对网络内部的防护通常要弱于外部防护，因此本地扫描在发现弱点的能力方面要比远程扫描强。类似地，在本地扫描过程中，也首先需要制订扫描计划、确定扫描内容、工具和方法，以及考虑扫描过程对系统正常运行可能造成的影响，并提出相应的风险规避和紧急处理、恢复措施；然后向客户提交扫描申请，征得客户同意后开始部署扫描工具，配置并开始自动扫描过程。本地扫描完成后，对扫描结果进行分析并编制完成《本地扫描评估报告》。

模拟渗透测试是指在客户的允许下和可控的范围内，采取可控的、不会造成不可弥补损失的黑客入侵手法，对客户网络和系统发起"真正"攻击，发现并利用其弱点实现对系统的入侵。渗透测试和工具扫描可以很好地实现互相补充。工具扫描具有很好的效率和速度，但存在一定的误报率，不能发现深层次、复杂的安全问题。渗透测试需要投入的人力资源较大，对测试者的专业技能要求较高（渗透测试报告的价值直接依赖于测试者的专业技能），但是非常准确，可以发现逻辑性更强、更深层次的弱点。

（四）风险确定

在确定风险之前，首先需要对现有安全措施做出评估，然后进行综合风险分析。现有安全措施评估是指对组织目前已采取的、用于控制风险的技术和管理手段的实施效果做出评估。现有安全措施评估包括安全技术措施评估和安全策略实施审计，分别在技术和管理两个方面进行评估。安全技术措施评估对信息系统中已采取的安全技术的有效性做出评估，这些安全技术措施涉及物理层、网络层、应用层和数据层等。在安全技术措施评估过程中，评估人员根据信息资产列表分别列出已采取的安全措施和控制手段，分析其保护的机理和有效性，并对保护能力的强弱程度进行赋值。安全策略实施审计对组织所采取的安全管理策略的有效性做出评估。安全策略实施审计基于策略和安全控制审计的结果，它对组织中安全策略的实施能力和实施效果进行审计，并进行赋值。现有安全措施评估将生成《现有安全措施评估报告》，内容包括对所评估安全技术措施和安全管理策略的针对性、有效性、集成性、标准性、可管理性、可规划性等方面所做的评价。综合风险分析将依据以上评估产生的信息资产列表、弱点和漏洞评估、威胁评估和现有安全措施评估等，进行全面、综合的评估，并得出最终的风险分析报告。在综合风险分析过程中，评估人员将依据评估准备阶段确定的计算方法计算出每项信息资产的风险值，然后通过分析和汇总最终形成《安全风险综合评估报告》。

三、计算机网络信息安全风险评估标准

（一）CC 标准

CC 标准属于信息技术安全评估公共标准，起草国家包含美国、加拿大及欧洲四国，是国际标准化组织以现有多种风险评估标准为基础，经整合及优化后形成的，具有比较强的合理性及全面性，目前应用得比较广泛。在 CC 标准中，无论是基本框架，或是主要功能，均以 ITSEC 标准为主要来源。CC 标准由介绍一般模型、安全功能需求、安全保证需求三部分组成，这三部分均非常重要。相对于早期计算机网络信息技术标准，CC 标准所具备的优势特征非常明显，如与 PDR 模型相符合，对信息系统完整性、可用性及保密性做出充分考虑等，根据 CC 标准开展风险评估时，是基于全过程进行的叫。

（二）BS7799 标准

现阶段，在国际上存在的计算机网络信息系统安全风险管理体系中，具有较强代表性的即为 BS7799 标准，此标准制定者为英国标准协会，组成部分中具有关键性作用的内容包含两项，一项为《信息安全管理体系规范》，另一项

为《信息安全管理实施细则》。进入 21 世纪后，国际标准化组织确定的通用标准为 BS7799 标准中的前一项关键内容，同时，将这项内容重新命名，取为 ISO/IEC17799-2000。

（三）ISO/IEC21827-2002（SSE-CMM）

ISO/IEC21827-2002（SSE-CMM）属于信息安全工程能力成熟度模型，该标准中，对信息安全建设工程执行步骤做出了详细的规定。建设、实施、执行信息安全工程时，通过 ISO/IEC21827-2002（SSE-CMM），可使其安全性得到保证。在 ISO/IEC21827-2002（SSE-CMM）标准中，基本要素共包含三项，分别为过程改善、能力评估、保证，基于此标准构建的安全功能可以强烈认知信息安全功能，能够根据实际变化改善设计过程，促进施工过程安全性提高。

（四）国家信息化标准

20 世纪末，我国进行了国家信息化标准的制定工作，实施了《计算机信息系统安全保护等级划分准则》，该准则中，对于常用的计算机信息系统，将其等级详细地划分为 5 个，保护等级分别为用户自主、安全标记、访问验证、系统审核、结构化保护，用以保证计算机信息系统的安全性，已经贯彻执行到建设与运行计算机信息化系统的过程中，效果也较为令人满意。

四、计算机网络信息安全风险评估方法

（一）定性分析方法

目前，计算机网络信息系统风险评估时，常用方法之一为定性分析。定性风险评估中，通常以评估人员的工作经验、掌握的理论知识等信息为依据，参照相关风险评估标准，并与以往类似案例相结合，依照高低程度、风险影响程度等，划分风险评估要素的等级。基于方法特性，定性分析法的评估结果个人主观性非常强。随着定性分析法的发展，其中包含的具体方法也逐渐增多，如安全检查表法、事故树分析方法、专家评价方法等。

（二）定量分析方法

定量分析方法中，以计算机网络信息系统存在的风险为基础，将风险的组成要素分析出来，并分析每种要素可产生的影响程度及范围，以此为根据，利用具体数值或代价来表示因素，从而对风险要素进行有效的度量，使风险分析与评估过程量化。定量分析方法评估出来的结果客观性较强，可使人们清晰地观察、分析评估结果。现阶段，常用的定量分析方法包含四种：第一，层次分析方法，此方法中，以风险评估性质、风险评估总体目标为依据，分解具体问题，变为若干个不同的组成要素，同时，以各种要素为根据，予以相互关联，按照层次分类造成风险发生的原因，形成层次化的分析结构模型，最终，根据一定原则排列出相应的风险因素；第二，模糊综合评价法，该方法两种模糊数学理论为基础，一种为最大隶属度原理，另一种为模糊变化原理，可对风险评估中的相关要素进行有效分析，综合性评价风险影响程度，评估结果较为准确；第三，BP 神经网络，该方法可学习系统中存在的风险，并在知识库中存储学习结果，促进网络结构不断改进、BP 学习参数不断优化，从而更为准确地评估出风险；第四，灰色系统预测模型，灰色系统以相应阈值空间为基础，实例化所有变量，看成灰色变量，进而完成风险评估工作。

（三）定性与定量分析结合方法

计算机网络信息系统运行过程中，存在的风险并非固定不变的，而是具有动态性，因此，采用单——种方法较难准确地、全面地评估存在的风险，此时即可应用定性与定量相结合的分析方法，量化可以量化的风险要素，定性分析无法量化的风险要素，综合后形成分析结果，提高评估结果的准确性。

第五章　计算机网络信息安全现状与未来发展

本章讲述的是计算机网络信息安全现状与未来发展，主要从以下几方面进行具体论述，分别为计算机网络信息安全的常见威胁、我国互联网网络信息安全现状和计算机网络信息安全发展趋势三部分内容。

第一节　计算机网络信息安全的常见威胁

一、网络信息安全常见威胁的来源

网络信息安全常见的威胁来源于以下几个方面：一是来自互联网的威胁。服务器系统是入侵者攻击的首选目标。二是来自内部网的威胁。据调查统计绝大多数的网络安全事件的攻击来自内部，所以企业内部网的安全风险更突出。三是来自管理安全的威胁。用户的安全意识薄弱也是网络存在安全风险的重要因素之一。四是来自计算机系统本身的威胁。各企业服务器系统以及个人使用的 Windows 操作系统都存在安全漏洞，这些漏洞有的是非常严重的甚至致命的。非法使用资源、数据篡改、假冒、欺骗等都是可能的安全威胁。同时，该过程也产生了很多计算机病毒。它们乘虚而入，攻击网络信息系统、扰乱资料信息的编排、使相关资料文献丢失，等等，对网络信息系统的安全造成了一定的威胁。

（一）外部威胁

目前，互联网作为一个功能多样的信息网络，已经得到了极大的普及，人类的诸多应用和业务都离不开互联网。然而，针对互联网的破坏活动越来越多，安全漏洞和安全隐患也日趋增多，恶意代码、病毒、黑客攻击日趋频繁，互联网安全问题日趋凸显，人们面临的外部信息安全威胁主要来源于此。我国互联网的安全形势不容乐观，各种信息安全事件层出不穷、复杂多样，网络犯罪更为隐蔽、智能，给企业造成的危害更加巨大。根据安全调查公司的相关统计，全球大概有一多半的企业遭受过网络攻击，同时被攻击的绝大多数企业都有不同程度的损失。随着互联网地下经济的膨胀式发展，不法分子通过制作和传播恶意代码从中牟取暴利，灰色产业的继续扩张使互联网面临严重的安全威胁。

近些年来，互联网行业越来越热门，所遭受攻击的频率也日渐上升。随着互联网的快速发展，黑客也不再是单一的个体，黑客团体应运而生，他们有着特定的分工，为了达成自己的目的，不断寻找着网络漏洞并进行攻击，庞大的黑客团体也在时代的发展中形成了自己的产业链，现代黑客攻击的智能水平更高、隐蔽性更强。随着互联网的不断发展，今天企业信息系统的安全性已经达到了一个比较高的水平，但是黑客的攻击也变得更加复杂，黑客的技术水平和操作能力也更进一步。现在网络上的黑客网站非常多，黑客们会将一些工具分享到网站上供其他黑客使用，有些网络漏洞都不需要自己发现，使用别人开发的工具就能对企业的信息系统进行攻击。使用的门槛降低了，黑客攻击的频率也就增加了，企业遭受黑客攻击的威胁也会更大。现在我们很难查出黑客攻击的源头，攻击后的证据也很容易被黑客毁灭。

随着移动通信技术的不断发展和 Web 应用技术的不断创新，移动互联网为传统互联网的发展提供了更加广阔的空间，也为移动互联网业务的发展提供了可持续的前进模式。然而，由于移动互联网存在网络融合化、终端智能化、应用多样化以及平台开放化等特点，移动互联网终端、网络以及业务层面都存在安全隐患，因此带来的信息安全问题也日趋凸显，给信息安全以及用户隐私都带来了新的安全威胁。

（二）内部威胁

长久以来，说到信息安全，人们首先能够想到的都是一些来自外部的黑客攻击、木马入侵等，却忽视了来自内部的内部人员误用、滥用甚至恶意窃取内部信息资源特别是企业机密数据等严重破坏信息安全的行为。而源于企业外部的信息安全事件，很大一部分也是由企业内部信息安全管理措施不到位以及安全防范意识薄弱造成的。近些年来企业内部信息泄漏事件屡见不鲜，不只是商业机密数据，有时企业的内幕信息也会被随意发布和散播，这都对企业的生存和发展造成了巨大的威胁。因此，从某种程度上来说，内网安全有时要以"内部人员不可信"为前提，建立在内网不信任模型上的内网安全才能称之为内网安全。

因为安全控制的观念缺乏，多种可能被外在威胁所利用的薄弱环节普遍存在于企业的信息安全系统之中，这些薄弱环节可能是人为故意或无意造成的，也可能是某些偶然因素引发的。通过分析发现，这些薄弱环节可能来自企业的组织架构、运维人员、安全策略、管理制度、信息资产本身的漏洞等。结合威胁产生的可能原因，严管每一项需要保护的信息资产，找出在每一个环节中可能存在的薄弱点，从而降低安全威胁发生的可能性，才能避免造成不良影响。

内部威胁主要表现在以下几个方面。一是内网系统本身漏洞。内网信息系统自身出现的漏洞会造成整个网络系统的瘫痪，导致重要数据丢失，给企业带来损失。因此，我们在内网信息网络系统建立过程中，一定要严格把控每一个流程步骤，环环相扣。同时，进行模拟入侵实验，不断修改强化应用程序，在内网系统建立后，一定要进行多次重复预试验，减少实验差错，及时纠正系统错误，避免系统自身出现漏洞，给计算机病毒以及非法入侵的黑客组织留下可乘之机。二是内部人员泄密。内部人员是系统网络信息安全的重大"缺口"，相关机构在进行业务人员选拔时，一定要综合多方面因素，选择最适合的网络信息安全方面的人才。同时要对业务人员定期进行信息安全教育培训，使他们强化自身职业操守，促进个人思想道德建设，不断丰富自身知识储备，提升网络信息系统安全意识。另外，企业要加强内部人员的规范化管理，避免内部人员泄密事件的发生。三是用户安全意识淡薄。这是一个普遍的现象。大多数的人会认为系统一般不会出现问题。用户安全意识淡薄和网络知识匮乏可能导致网络系统服务器出现故障，使整个系统处于瘫痪状态，无法进行正常运作，对工作高效开展造成一定程度的影响。四是系统安全软件本身的威胁。系统安全软件本身有时候也会对系统进行攻击，造成系统损伤，从而无法正常进行运转。这就需要专业安全人员进行明确分辨，不断提升自身的技术水平，掌握不同情境下系统面临的攻击类型，把握特点，逐一击破，保证系统的安全运作。

二、网络信息安全常见威胁的表现形式

（一）恶意程序

恶意程序是指在未明确提示用户或未经用户许可的情况下，在用户计算机或

其他终端上安装运行，侵犯用户合法权益的应用程序。常见的恶意程序有病毒、挖矿木马、勒索软件、蠕虫等，一般存在以下一种或多种恶意行为，包括资费消耗、隐私窃取、远程控制、流氓行为、恶意扣费、欺诈软件、系统破坏等。

1. 计算机传统病毒

传统计算机病毒也称狭义的计算机病毒，其典型特征是寄生性，主要有大麻、小球、宏病毒、蠕虫病毒等。狭义计算机病毒的特性主要体现在攻击与破坏计算机系统、应用程序和数据等方面。计算机病毒是一种计算机程序，病毒可能造成计算机运行速度变慢、系统损坏、信息数据丢失等后果，更坏的情况是计算机主板损坏，使整个硬件系统瘫痪。

如今，计算机网络病毒仍然是人们热议的话题，对计算机网络病毒含义的理解还有分歧，有以下两种观点。较为严格以及狭义的观点认为，计算机网络病毒主要是依靠计算机网络结构框架和网络协议体系进行的。简而言之，计算机网络病毒只能局限在计算机网络范围之内，并且网络病毒的攻击针对计算机网络内的用户。另一种广义的观点认为，无论病毒破坏的是网络本身还是互联网内的用户，编写的程序只要可以在计算机网络上顺利传播，就可以称为计算机网络病毒。随着时代的发展，网络进一步普及，人们在生活中越来越依赖互联网。网络的全球互联有着强大的优势，但是也存在着巨大的隐患，计算机不管是在系统上还是网络上都存在或多或少的漏洞，这些漏洞和优势渐渐被网络上传播的病毒加以利用，不仅给人类的生活带来了极大的困扰，还使计算机安全面临重大的威胁。

按照传染方式进行分类，传统型计算机病毒可以分成引导型病毒、文件型病毒和混合型病毒，其中文件型病毒包括宏病毒和脚本病毒。随着互联网逐渐走进千家万户，病毒已突破了国家的限制，传播速度成倍增长，在很短时间内就可以传遍世界。由于病毒可以在互联网上进行传播，打破了时间和空间的限制，所以在较短时间内就可以给全世界的计算机用户造成重大的、无法估量的破坏。

随着移动互联网的兴起，能够在手机无线网上传播并破坏终端的手机病毒也开始出现。而且随着计算机技术的日新月异，软件的发展也变得多种多样，病毒的种类也随着发展而被重新定义。之前，病毒的攻击形式主要是先侵入计算机，然后实施破坏，因此除普通可执行文件病毒外主要存在引导型病毒与宏病毒以及二者的混合形式。而随着网络技术的发展，当下产生了很多针对特定网页技术的病毒。使用者一旦浏览了带有病毒的网页，浏览器就会在毫无征兆的情况下下载并执行病毒程序，在使用者无法察觉的情况下，病毒将计算机中的信息通过网络传播给特定主机，并且试图在网络终端传播。这样的病毒主要是针对 VB（Visual Basic）、Java 等网络技术而专门设计的。

随着时代的发展和科技的进步，网络发展也进入了新的历史时期，随之产生的新型网络病毒也在不断发展变化，并具有以下几方面的特点。第一，病毒传播更为迅速广泛，传播途径增加，感染对象增多。网络病毒主要依靠各种类型的通信接口、互联网邮件及网络端口传播，与传统的磁介质有本质的不同。病毒主要攻击目标由过去单一的个人主机演变为工作站、移动客户端工具及无线网络覆盖下的设备。第二，病毒更加顽固，无法完全去除。随着网络信息时代的迅速发展，网络覆盖面扩大，病毒仅仅只需感染一个端口所连接的计算机，就可以很快感染互联网内各个提供计算服务的设备及端口。第三，病毒具有更强大的破坏力。如今的网络病毒与以往相比具有更强的破坏力，它可以通过控制计算机信息网络系统使用户的网络堵塞、瘫痪，最终导致重要的计算机数据被盗取或丢失。第四，病毒携带方式多种多样。网络病毒可以依附于多种程序及文件存在，以便于传播。携带网络病毒的可能有电子布告栏、电子邮件、浏览器网页下载文件、网络程序等。第五，病毒编写方式多种多样。当今流行的病毒编写语言有 Delphi、C 语言、ASM 汇编语言、C++、VC++ 以及 JavaScript、VBScript 等脚本语言。为了逃避查毒软件的搜索，现有的病毒会利用复合的编程语言和技术来达到快速传播和快速复制的目的。此外，有些不法运营商为了使新病毒尽快出现，高价雇佣黑客编写病毒生产程序。第六，病毒更趋隐藏化和智能化。如今，针对网络病毒的防治，病毒已经采取加密隐身、自我防御、反制跟踪等技术，这使网络中的新型变异病毒更加猖狂、更为隐蔽。第七，病毒攻击对象精准化。网络病毒可作为一种武器，攻击涉及经济政治安全的相关信息，破坏社会秩序，这种网络病毒有明确的目的及精确的攻击对象。第八，病毒混合程度增加。新型病毒不断出现，它们不同于传统的网络病毒，融合了病毒、蠕虫及其他病毒的特性，破坏性大大增强。

2. 勒索软件

勒索软件是一种运行在计算机上的恶意软件，它利用加密等安全机制劫持用户文件和相关资源，使用户无法访问数据资产或使用计算资源，并以此为条件向用户勒索赎金。这类用户数据资产包括文档、数据库、源代码、图片、压缩文件等多种文件形式。而赎金形式通常为比特币，少数为真实货币或其他虚拟货币。勒索软件已成为一项利润丰厚的业务，越来越成为攻击者的首选方式之一。

在互联网黑色产业治理的推进过程中，2019 年，CNCERT 捕获勒索病毒73.1 万余个，较 2018 年增长超过 4 倍，勒索病毒活跃程度持续居高不下[①]。通过分析发现，勒索病毒攻击活动越发具有目标性，且以文件服务器、数据库等存有重要数据的服务器为首选目标，通常利用弱口令、高危漏洞、钓鱼邮件等作为攻击入侵的主要途径或方式。勒索攻击表现出越来越强的针对性，攻击者会针对一些有价值的特定单位目标进行攻击，通过较长时期的探测、扫描、暴力破解、尝试攻击等方式，进入目标单位服务器，再通过漏洞工具或黑客工具获取内部网络计算机账号密码，实现在内部网络横向移动，攻陷并加密更多的服务器。勒索病毒 GandCrab 的"商业成功"引爆了互联网地下黑灰产，进一步刺激了互联网地下黑灰产组织对勒索病毒的制作、分发和攻击技术的快速迭代更新。GandCrab、Sodinokibi、GlobeImposter 等勒索病毒成为 2019 年最为活跃的勒索病毒家族，其中 CrySiS 勒索病毒全年出现了上百个变种。随着 2019 年下半年加密货币价格持续走高，挖矿木马更加活跃。"永恒之蓝"下载器木马等挖矿团伙频繁推出挖矿木马变种，并利用各类安全漏洞、僵尸网络、网盘等进行快速扩散传播，Xmrig、CoinMiner 等成为 2019 年最为流行的挖矿木马家族。

与传统恶意软件不同，即使彻底清除了勒索软件，勒索软件所造成的后果也是不可逆转的，如果没有软件制作者的帮助，很难恢复损坏的数据文件，尤其是加密型勒索软件。除停机所带来的损失以及个人和企业需要支付的赎金之外，这些受害者还可能遭受其他损失，如数据的丢失、声誉受损等。在极大的经济利益诱惑下，更多的攻击者开始制作勒索软件的新变种并提高勒索软件的感染率，且勒索软件即服务（RaaS）逐渐形成趋势，恶意软件开发者与其他基本服务提供者（如加密工具和漏洞利用工具包）建立合作伙伴关系，为客户提供新型变种和具有更高威胁性的勒索软件，这也给网络安全研究人员带来了更大的困难。而且，勒索软件会在秘密的、不被人知的情况下传播到其他受害者的机器中，这些传播

---

① 搜狐网.2019 年中国互联网网络安全报告出炉，报告显示去年中国境外攻击半数来自美国，网友：美国倒打一耙？ [EB/OL].（2020-08-18）[2022-10-02]. https://www.sohu.com/a/413744326_114877.

方法的复杂程度和有效性不太相同，其中包括恶意的电子邮件、虚假的免费应用程序和漏洞等。这些方法的应用极易造成勒索软件的大规模散播，一次感染就会影响众多的用户。

根据勒索软件危害程度的严重性，我们可以将勒索软件分为三类：恐吓型勒索软件、锁定型勒索软件和加密型勒索软件。

（1）恐吓型勒索软件

恐吓型勒索软件是一种虚假信息警告，通过一些指控性的词语威胁受害者，利用受害者害怕被政府有关部门抓捕的恐惧心理，强迫受害者付钱。例如，FakeAV 通过模仿合法的防病毒软件外观，在用户扫描期间显示虚假的威胁信息，欺骗受害者，只有受害者交纳一定的赎金后才移除威胁信息。

（2）锁定型勒索软件

锁定型勒索软件通过劫持受害者系统上的一项或多项服务，如桌面、输入设备或应用程序，阻止用户访问这些资源，受感染的系统只具有有限的功能，但允许受害者执行与支付相关的简单操作。例如，勒索软件 VirLock 会锁定用户的桌面，导致系统无法使用。由于锁定型勒索软件保留了底层操作系统和用户文件，所以删除它们就可以解决问题并将计算机恢复到以前的状态，这也是它们目前使用趋势逐渐下降的很大一部分原因。

（3）加密型勒索软件

与键盘记录程序、间谍软件、密码窃取程序不同，加密型勒索软件不需要等待受害者进行密码输入或转账等活动，而是直接使用加密算法加密系统中所有的文件数据，迫使受害者支付赎金以换取被加密的文件。在没有解密密钥的情况下，加密勒索软件的攻击是不可逆的。例如，WannaCry 就是加密型勒索软件，它通过加密系统中的文件数据向受害者勒索赎金，并通过 Windows 漏洞进行大范围传播，将勒索软件的威胁提高到新的水平。

根据使用的加密技术不同进行分类，可以将加密型勒索软件分为对称加密、非对称加密和混合加密三种类型。一是对称加密勒索软件，即使用对称加密算法的勒索软件，利用相同的密钥进行加密和解密。通常由几种对称加密算法实现，如 AES、DES 和 RC4，虽然可以更快地进行攻击，但也继承了共享对称密钥的缺点，易于泄露。二是非对称加密勒索软件，采用非对称加密算法，如 RSA 使用一对密钥，公钥用于加密文件，私钥用于解密，这种类型的加密更无法被破解。三是混合加密勒索软件，攻击者集成了对称和非对称的加密算法，结合了非对称加密的稳健性和对称加密的快速性的特点，可以快速攻击用户并很难被破解。利用对称会话密钥加密文件，并在受害者系统中使用非对称加密算法生成公私钥来加密对称会话密钥，之后使用勒索软件携带的公钥对系统中生成的私钥进行加密，在支付赎金时，需要受害者将加密后的私钥信息发送给攻击者，攻击者利用自己的私钥完成密钥信息的提取并发送给受害者，以便受害者可以恢复文件。例如，WannaCry 勒索病毒使用的就是 RSA-2048 加密 AES 密钥的加密算法。

3. 木马

"特洛伊木马"最早出现于古希腊神话。在计算机领域，特洛伊木马是一段能实现有用的或必需的功能的程序，但是还具有一些不为人知的功能。一个木马控制系统一般来说包含两部分，服务端（也称被控端）与客户端（也称控制端）。在木马的领域里，服务端是指木马植入在宿主机的部分，客户端是指控制被植入木马的主机的另一方，与传统软件领域的服务器与客户端刚好相反。木马在植入宿主机后，会悄启动一个后门程序，也可能是寄宿在其他进程里，如 DLL 注入木马，然后会根据控制端的指令，搜集宿主机的相关信息或是文件，传输给控制端。宿主机可能会充当 DDOS 攻击（分布式拒绝服务攻击）中的"肉鸡"，危害极大。

木马要控制系统先要进行植入，木马植入方法主要包括以下几种。一是软件捆绑安装。随着开源软件的流行，一些网站开始提供软件下载的服务，再加上有些玩家喜欢在网上下载游戏外挂，这些都给木马植入提供了可乘之机。木马制作者可以将木马捆绑到其他正常软件上，这样用户主动下载并运行后，木马就可以被释放出来，自动安装。这是当前木马传播的一个非常常见的途径。二是文件附加进图片。这是一种比较高级的方法，它的原理就是将木马 EXE 文件利用某种方法隐藏在 BMP（Bitmap，位图）图片中，然后将图片挂载到网站上或是以邮件的方式发送给用户，在用户点击查看时，自动释放运行。三是利用系统漏洞。由于软件本身的复杂性，软件漏洞是不可避免的。利用软件的漏洞，从而获取攻击目标的操作权限，加载执行精心设计的木马程序。在这类漏洞攻击中，缓冲区溢出攻击是植入木马最常用的手段。据统计，通过缓冲区溢出进行的攻击占所有系统攻击总数的 80% 以上[①]。缓冲区溢出攻击是指通过向程序的缓冲区内填写超过缓冲区本身容量的数据，使溢出的数据覆盖合法数据，破坏程序堆栈，从而使程序执行木马指令，达到攻击的目的。四是利用社会工程学。社会工程学是最常见也是最难防御的，不但在计算机安全领域，而且在其他领域也是经常被使用的手段之一。这种手段是利用人的心理弱点，采用欺骗的方式，获取对方的信任，然后将伪装的木马程序植入对方电脑。

近年来，随着数字货币的发行及行情发展，许多设备参与到了挖矿行为中，数字货币依据特定算法，需要将计算资源投入区块链的验证中。挖矿是一项 CPU 密集型的资源争抢工作，不法分子将挖矿机程序植入受害者的计算机中，利用受害者计算机的运算力进行挖矿。随着数字货币的发行，挖矿行为愈演愈烈，随之产生了以挖矿为主要目的的木马，统称为挖矿木马。该类型木马大量使用用户设备的计算能力与资源，甚至会对用户的正常使用造成影响，同时会加快硬件损耗的速度。

挖矿木马主要有 3 种形式：僵尸网络挖矿木马、网页挖矿木马和 Android（安卓）设备挖矿木马。僵尸网络挖矿木马就是黑客通过入侵其他计算机建立僵尸网络，在僵尸网络已建立的前提下植入挖矿木马，通过计算机集群的巨大运算能力进行挖矿，黑客在搭建僵尸网络时会利用各种已知漏洞进行入侵控制，如 Struts2 漏洞、永恒之蓝、Weblogic WLS-wsat 等各种 RCE 漏洞以及弱口令、权限认证等能够写入 shell 进而控制计算机的漏洞。网页挖矿木马就是在网页源代码中嵌入恶意挖矿脚本，当网页被浏览时会进行挖矿的行为。当用户访问网页时，浏览器负责解析网站中的资源、脚本，并将解析的结果展示在用户面前。如果网页中植入了挖矿脚本，浏览器将解析并执行挖矿脚本，利用用户计算机资源进行挖矿从而获利。Android 设备挖矿木马主要包括两种方式：一是同网页挖矿木马一样，用浏览器 JavaScript 脚本挖矿；二是在软件中嵌入开源的矿池代码库进行挖矿。在木马程序开发过程中，相对于正常普通 App 开发流程而言，挖矿木马主要多了以下几个步骤：挖矿木马首先在 Android Manifest 里注册挖矿服务，其次接着嵌入开源的用于挖矿的文件及相应代码，最后设置挖矿必需的信息，包括算法、地址、

① CSDN 博客.缓冲区溢出原理分析 [EB/OL].（2010-06-30）[2022-10-04]. https://blog. csdn.net/sweety870703/article/details/5704019

账户信息等。

（二）钓鱼网站

"钓鱼网站"是一种网络欺诈行为，指不法分子利用各种手段，仿冒真实网站的 URL 地址以及页面内容，以此来骗取用户银行卡或信用卡账号、密码等私人资料。"钓鱼网站"的频繁出现严重地影响了在线金融服务、电子商务的发展，危害了公众利益，降低了公众应用互联网的热情。面对层出不穷的"钓鱼网站"，我国于 2008 年成立了"中国反钓鱼网站联盟"。安全系统可以预设钓鱼网站识别规则，建立模型样本库，对钓鱼网站进行拦截，减轻其带来的危害、肃清移动互联网。以移动互联网仿冒 App 为代表的灰色应用大量出现，主要针对金融、交通、电信等重要行业的用户。近年来，随着《中华人民共和国网络安全法》《移动互联网应用程序信息服务管理规定》等法律、法规、行业与技术标准的相继出台，我国加大了对应用商店、应用程序的安全管理力度。应用商店对上架 App 的开发者进行实名审核，对 App 进行安全检测和内容版权审核等，使黑产从业人员通过应用商店传播恶意 App 的难度明显增加，但能够逃避监管并达到不良目的的"擦边球"式的灰色应用有所增长。例如，具有钓鱼目的、欺诈行为的仿冒 App 成为黑产从业者重点采用的工具，对金融、交通、电信等重要行业的用户造成了较大威胁。2019 年，CNCERT 通过自主监测和投诉举报方式捕获了大量新出现的仿冒 App。这些仿冒 App 具有容易复制、版本更新频繁、蹭热点快速传播等特点，主要集中在仿冒公检法、银行、社交软件、支付软件、抢票软件等热门应用上，在仿冒方式上以仿冒名称、图标、页面等内容为主，具有很强的欺骗性。针对银行信用卡优惠、办卡等银行类 App 的仿冒数量最多，其次是仿冒"最高人民法院""公安部案件查询系统""最高人民检察院"等政务类 App，以及仿冒"微信""支付宝""银联"等社交软件或支付软件。另外，还有部分仿冒 App 在一些特殊时期频繁活跃，如春运期间出现了大量仿冒"12306""智行火车票"的 App，在"个人所得税"App 推出期间出现了大量仿冒应用。目前，由于开发者在应用商店申请 App 上架前，需提交软件著作权等证明材料，所以仿冒 App 很难在应用商店上架，其流通渠道主要集中在网盘、云盘、广告平台等线上传播方式。

（三）黑客攻击

随着全球互联网的兴起，黑客主要的攻击目标已经从系统攻击转变为网络攻击。黑客这个词原本指具有高超的计算机技术的人，音译自英文 hacker。

现阶段来自互联网的安全隐患大多与黑客攻击有关。他们通常是一些程序员，熟练掌握操作系统的编程知识等高级技术。他们可以从系统中发现硬件、软件、协议的具体实现或系统安全策略上存在的缺陷，并且以此为源头进行深入攻击。黑客正如硬币的两面，在崇拜者眼中，黑客是一群十分聪明且每日能自由游荡于网络空间的精灵；在受害者看来，黑客则是一些无法管理的作恶多端之人，他们是网络安全的主要敌人。在信息时代，黑客群体的绝对数量并不算多，但是他们的影响力却是巨大，黑客所拥有的攻击能力与普通计算机用户的防御能力是极其不对等的，一旦黑客的技术用于非法途径，进行所谓的攻击行动，其危害程度往往超过人们想象。20 世纪 60 年代，黑客已经能够利用计算机技术对计算机网络进行市场化，当时人们尚无法通过编写病毒获利。20 世纪 70 年代，包括黑客在内的计算机爱好者提出了计算机应该为人民所用，计算机不再属于专业人士，这也意味着计算机的使用门槛逐步降低。20 世纪 80 年代，计算机变得不再稀有，同时随着欧美国家经济增长，网络技术也在蓬勃发展，基于此，当时的黑客更崇尚信息共享，这种崇高的理想自 20 世纪 90 年代开始改变，黑客技术开始用于非正当用途。由此可见，黑客攻击是计算机的重大威胁，不仅可能导致个人的信息数据泄露，还可能导致国家军事单位、安全机构、政府部门和企业的计算机数据遭盗窃，损害公共利益。

黑客常用的技术手段包括 VPN 服务、加密、暗网、分布式拒绝服务攻击。虚拟专用网络（或 VPN）是设备与另一台计算机之间通过互联网的安全连接。在员工离开办公室时，VPN 服务可用于安全地访问工作计算机系统。但同时它们也常用于规避政府审查制度，或者在电影流媒体网站上阻止位置封锁，这是黑客必用的一个技术手段。加密也是黑客必用的技术手段，它是一种扰乱计算机数据的方式，只允许部分人阅读。加密是网上购物和银行业务的重要组成部分，如果被拦截，会使电子邮件和即时消息难以辨认。最近加密已经成为常见的黑客技术手段。暗网（不可见网、隐藏网）是指那些存储在网络数据库里但不能通过超链接访问而需要通过动态网页技术访问的资源集合，不属于那些可以被标准搜索引擎索引的表面网络，利用加密传输、P2P 对等网络等为用户提供匿名互联网信息访问。暗网的最大特点是经过加密处理，普通浏览器和搜索引擎无法进入，且使用比特币作为交易货币，很难追查到使用者的真实身份和所处位置，因此成为互联网犯罪分子常用的手段之一。分布式拒绝服务攻击（DDoS）是企图通过网络流量压倒网站来使网站脱机。这种策略通常用于抗议公司和组织，使其网站无法使用，这也是黑客常用的技术手段。

在上述黑客攻击手段中，分布式拒绝服务攻击是最常见的黑客攻击手段。

（四）网络黑产与网络犯罪

网络黑产造成的网络犯罪已经成为当前不可忽视的犯罪类型，所造成的危害不比现实犯罪轻，甚至会比现实犯罪造成的损害更大。网络犯罪因其隐蔽性高等特点，正日益威胁着互联网的安全。网络诈骗是以非法占有为目的，利用互联网、采用虚拟事实或者隐瞒事实真相的方法，骗取数额较大的公私财物的行为。网络诈骗具有一些独特的特点：犯罪方法简单、容易进行、犯罪成本低、传播迅速、传播范围广、渗透性强、网络化形式复杂、不定性强、社会危害性极强、极其广泛、增长迅速等。

随着网络黑产活动专业化和自动化程度不断提升，技术对抗越发激烈。2019年，CNCERT 监测发现各类黑产平台超过 500 个，提供手机号资源的接码平台、提供 IP 地址的秒拨平台、提供支付功能的第四方支付平台和跑分平台、专门进行账号售卖的发卡平台、专门用于赌博网站推广的广告联盟等各类专业黑产平台不断产生。专业化的黑产活动为网络诈骗等网络犯罪活动提供了帮助和支持，加速了网络犯罪的蔓延趋势。例如，在"杀猪盘"等网盘诈骗犯罪中，犯罪分子通过个人信息售卖方式获取精准的个人信息，从而了解目标人群的爱好特点：通过恶意注册黑产购买社交账号，这些社交账号经过"养号"具备完整的社交信息，极具迷惑性；通过黑产工具制作团队，快速开发赌博交友网站 App 等诈骗工具。与此同时，黑产自动化工具不断出现，黑产从业门槛逐步降低。网络黑产工具可自动化进行恶意注册、薅羊毛、刷量、改机等攻击，一般人员经简单学习后即可进行操作使用。各类专业的网络黑产平台通过 API 接口、易语言模块等方式，提供标准化接口，网络黑产工具通过调用这些接口集成各类资源，用于网络黑产活动。

2019 年监测到各类网络黑产攻击日均 70 万次，电商网站、视频直播、棋牌游戏等行业成为网络黑产的主要攻击对象，攻防博弈此消彼长，勒索病毒、挖矿木马在黑色产业刺激下持续活跃[1]。

2020 年 5 月，江苏省南通市公安局公布，经过四个多月的缜密侦查，江苏南通、如东两级公安机关破获了一起特大"暗网"侵犯公民个人信息案，抓获犯罪嫌疑人 27 名，查获被售卖的公民个人信息数据 5000 多万条。这起案件也被公安部列为 2019 年以来全国公安机关侦破的 10 起侵犯公民个人信息违法犯罪典型案件之一。

（五）网络不良信息

网络不良信息和违法信息主要包括以下几个方面：一是煽动抗拒、破坏宪法和法律、行政法规实施的；二是煽动颠覆国家政权，推翻社会主义制度的；三是煽动分裂国家、破坏国家统一的；四是煽动民族仇恨、民族歧视，破坏民族团结的；五是捏造或者歪曲事实，散布谣言，扰乱社会秩序的；六是宣扬封建迷信、淫秽、色情、赌博、暴力、凶杀、恐怖、教唆犯罪的；七是公然侮辱他人或者捏造事实诽谤他人的，或者进行其他恶意攻击的；八是损害国家机关信誉的；九是其他违反宪法和法律、行政法规的。

网络不良信息和违法信息充斥网络，对网民的身心健康造成了重大危害，特别是对青少年的危害，已经受到了社会的广泛关注。有的不良信息还可能造成社会的恐慌，危害公共安全。

第二节　我国互联网网络信息安全现状

《2019 年我国互联网网络安全态势综述》报告指出："在我国相关部门持续开展的网络安全威胁治理下，DDoS 攻击、APT 攻击、漏洞威胁、数据安全隐患、移动互联网恶意程序、网络黑灰产业和工业控制系统安全威胁总体下降，但呈现出许多新的特点，带来了新的风险与挑战。"[2]

① 刘多 . 中国互联网站发展状况及其安全报告 2020[M]. 南京：河海大学出版社，2020.
② 佛山市南海区公共安全技术研究院 .《2019 年我国互联网网络安全态势综述》报告 [EB/OL].（2020-04-22）[2022-10-11]. http://www.nhsti.com/article/dynamicDetail?id=34.

一、DDoS 攻击呈现高发频发态势，攻击组织性和目的性更加凸显

可被利用实施 DDoS 攻击的境内攻击资源稳定性持续降低，数量逐年递减，攻击资源迁往境外，处理难度提高。2019 年，CNCERT 通过《我国 DDoS 攻击资源月度分析报告》定期公布 DDoS 攻击资源（控制端、被控端、反射服务器、伪造流量来源路由器等），并协调各单位处理。与 2018 年相比，境内控制端、反射服务器等资源按月变化速度加快、消亡率明显上升、新增率降低、可被利用的资源活跃时间和数量明显减少——每月可被利用的境内活跃控制端 IP 地址数量同比减少 15.0%，活跃反射服务器同比减少 34.0%。此外，CNCERT 持续跟踪 DDoS 攻击团伙情况，并配合公安部门治理，取得了明显的效果。在治理行动的持续高压下，DDoS 攻击资源大量向境外迁移，DDoS 攻击的控制端数量和来自境外的反射攻击流量的占比均超过 90.0%。在攻击我国目标的大规模 DDoS 事件中，来自境外的流量占比超过 50.0%[①]。

2019 年，物联网僵尸网络控制端消亡速度加快，活跃时间普遍较短，难以形成较大的控制规模，Mirai、Gafgyt 等恶意程序控制端 IP 地址日均活跃数量呈现下降态势，单个 IP 地址活跃时间在三天以内的占比超过 60.0%，因此物联网设备参与 DDoS 攻击活跃度在 2019 年后期也呈下降趋势。尽管如此，在监测发现的僵尸网络控制端中，物联网僵尸网络控制端数量占比仍超过 54.0%，其参与发起的 DDoS 攻击的次数占比也超过 50.0%[②]。未来将有更多的物联网设备接入网络，如果其安全性不能提高，必然会使网络安全防御和治理面临更多的困难。

二、APT 攻击猖獗频繁，并逐步向各重要行业领域渗透

境外 APT 组织习惯使用当下热点时事或与攻击目标工作相关的内容作为邮件主题，特别是瞄准我国重要攻击目标，持续反复进行渗透和横向扩展攻击，并

---

① 快快网络.DDoS 攻击不断，超 80% 的政府网站受影响 [EB/OL].（2020-05-25）[2022-10-11]. https://www.kkidc.com/about/detail/hcid/196/id/990.html.

② 百度文库.2019 年中国互联网网络安全报告出炉 [EB/OL].2022-04-06. https://wenku.baidu.com/view/a0afd62cf48a6529647d27284b73f242336c312d.html?_wkts_=1674868154190&bdQuery=%E5%8D%95%E4%B8%AAIP%E5%9C%B0%E5%9D%80%E6%B4%BB%E8%B7%83%E6%97%B6%E9%97%B4%E5%9C%A8%E4%B8%89%E5%A4%A9%E4%BB%A5%E5%86%85%E7%9A%84%E5%8D%A0%E6%AF%94%E8%B6%85%E8%BF%8760.0%25%2C.

在我国重大活动和敏感时期异常活跃。"蔓灵花"组织就重点围绕我国 2019 年全国两会、中华人民共和国成立 70 周年等重大活动，大幅扩充攻击窃密武器库，利用了数十个邮箱发送钓鱼邮件，攻击了近百个目标，向多台重要主机植入了攻击窃密武器，对我国党政机关、能源机构等重要信息系统进行大规模定向攻击。

在 2019 年，CNCERT 监测到重要党政机关部门遭受钓鱼邮件攻击数量达 50 多万次，月均 4.6 万封，其中携带漏洞利用恶意代码的 Office 文档成为主要载体，主要利用的漏洞包括 CVE-2017-8570 和 CVE-2017-11882 等 ①。例如，"海莲花"组织利用境外代理服务器为跳板，持续对我国党政机关和重要行业发起钓鱼邮件攻击，被攻击单位涉及数十个重要行业、近百个单位和数百个目标。

在 2019 年一年，我国就持续遭受来自"方程式组织""APT28""蔓灵花""海莲花""黑店""白金"等 30 余个 APT 组织的网络窃密攻击，国家网络空间安全受到严重威胁。境外 APT 组织不仅攻击我国党政机关、国防军工和科研院所，还进一步向军民融合、"一带一路"、基础行业、物联网和供应链等领域扩展延伸，通信、外交、能源、商务、金融、军工、海洋等领域成为境外 APT 组织重点攻击对象。

三、党政机关、关键信息基础设施等重要单位的防护能力显著增强

2019 年，我国党政机关、关键信息基础设施运营单位的信息系统频繁遭受 DDoS 攻击，大部分单位通过部署防护设备或购买云防护服务等措施加强自身防护能力。CNCERT 跟踪发现的某黑客组织 2019 年对我国 300 余家政府网站发起了 1000 余次 DDoS 攻击，在初期，其攻击可导致 80.0% 以上的攻击目标网站正常服务受到不同程度的影响，但后期其攻击已无法对攻击目标网站带来实质性伤害，这说明被攻击单位的防护能力已得到大幅提升 ②。

APT 攻击监测与应急处置力度加大，钓鱼邮件防范意识持续提升。随着近年来 APT 攻击手段的不断披露和网络安全知识的宣传普及，我国重要行业部门对钓鱼邮件防范意识不断提高。比对钓鱼邮件攻击目标与最终被控目标，大约 90.0% 以上的鱼叉钓鱼邮件可以被用户识别发现。

---

① 搜狐网 .CNCERT：2019 年党政机关遭受钓鱼邮件攻击 50 多万次 [EB/OL].（2020-05-15）[2022-10-11]. https://www.sohu.com/a/395421246_604699.

② 人民网 .CNCERT 报告：网络黑产活动呈现专业化趋势 [EB/OL].（2020-08-11）[2022-10-13]. http://industry.people.com.cn/n1/2020/0811/c413883-31818570.html.

四、重大安全漏洞应对能力不断强化，信息系统面临的漏洞威胁形势依然严峻

2019 年，国家信息安全漏洞共享平台（CNVD）联合国内产品厂商、网络安全企业、科研机构、个人白帽子，共同完成了对约 3.2 万起漏洞事件的验证、通报和处理工作、同比上涨 56.0%；主要完成了对微软操作系统远程桌面服务（以下简称"RDP 系统"）远程代码执行漏洞、Weblogic WLS 组件反序列化零日漏洞、Elastic Search 数据库未授权访问漏洞等 38 起重大风险的应急响应，数量较上年上升 21%。这些漏洞在披露时尚未发布补丁或相应的应急措施，严重威胁我国的网络空间安全①。

CNVD 联合各支撑单位积极应对上述漏洞威胁，开展技术分析研判、影响范围探测和安全公告发布等应急工作，并第一时间向涉事单位通报漏洞，协调相关方对漏洞及时进行修复和处理。同时，及时公开发布影响范围广、需终端用户修复的重大安全漏洞通报，使社会公众及时了解漏洞危害，有效化解信息安全漏洞带来的网络安全威胁。

五、数据风险监测与预警防护能力提升，但数据安全防护意识依然薄弱，大规模数据泄露事件频发

数据安全保护力度继续加强，及时处理应对大量数据安全事件。App 违法违规收集使用个人信息治理持续推进，工作取得积极成效。但形势依然严峻涉及公民个人信息的数据库数据安全事件频发，违法交易藏入"暗网"。2019 年，针对数据库的密码暴力破解攻击次数日均超过百亿次，数据泄露、非法售卖等事件层出不穷，数据安全与个人隐私面临严重挑战。科技公司、电商平台等信息技术服务类行业，银行、保险等金融行业以及医疗卫生、交通运输、教育求职等重要行业涉及公民个人信息的数据库数据安全事件频发。

---

① 佛山市南海区公共安全技术研究院.《2019 年我国互联网网络安全态势综述》报告 [EB/OL].（2020-04-22）[2022-10-13]. http://www.nhsti.com/article/dynamicDetail?id=34.

第三节　计算机网络信息安全发展趋势

一、网络信息安全发展趋势

（一）构建网络安全一体化防护机制，共同应对新的高级网络攻击威胁

规模性、破坏性急剧上升成为有组织网络攻击的新特点，有组织的、出于各种目的发起的网络攻击行动持续高发。近年来，针对我国发起的 APT 攻击事件持续曝光，攻击规模和强度逐年递增，攻击目标涉及国计民生的重要部门和行业。此外，有针对性的攻击渗透常在敏感时间节点发起，以最大程度博取利益。网络攻击作为以小博大的非常规手段将受到各方面势力的高度关注有组织的网络攻击的规模性、破坏性将急剧上升。面对愈加严峻的有组织有目的的网络攻击形势，各单位难以独立应对，所以应加强数据情报互通、监测手段互补等方面的能力建设，构建网络安全一体化防护机制，共同应对新的高级网络攻击威胁。

（二）一体系化协同防护将成为关键信息基础设施网络安全保障新趋势

政府机关、能源、金融、交通、通信等重要行业领域关键信息基础设施的网络安全状况日趋严峻。2019 年，境外陆续发生多起电力系统遭漏洞攻击或加密勒索攻击的恶性事件，引发城市大范围停电，严重影响了当地经济社会的正常运转。在 5G 网络加快覆盖的大背景下，关键信息基础设施暴露在互联网上的情况持续增多。由于承载服务、信息的高价值性，预计针对关键信息基础设施的网络窃密、远程破坏攻击、勒索攻击会持续增加。除利用安全漏洞、弱口令等常见方式实施攻击外，通过软硬件供应链、承载服务的云平台作为攻击途径的事件也呈上升趋势，关键信息基础设施的安全问题将受到大力关注。随着《关键信息基础设施安全保护条例》的出台，关键信息基础设施的认定以及各行业、部门、机构的职责愈加清晰。通过各方的共同应对和协同防护，我国关键信息基础设施网络安全评估、监测、防护体系将逐步建立。

（三）政策法规与执法监管多管齐下为数据安全和个人信息保护提供新指引

数据安全立法进程正在加快推进，数据安全保护法律体系正在逐步建立，公民数据安全保护意识日渐增强。2019 年，国家互联网信息办公室发布《数据安全管理办法（征求意见稿）》《个人信息出境安全评估办法（征求意见稿）》，出台了《儿童个人信息网络保护规定》，全国人大常委会正在制定《中华人民共和国个人信息保护法》。中央网信办、工业和信息化部、公安部等监管部门日益提高执法监管力度，加大对违规采集和使用个人信息、泄露或售卖用户数据、侵害用户隐私权益企业的查处力度。但重要数据和个人信息泄露或滥用问题仍较为突出，还存在个人信息滥用及不合理披露的情况，对公民个人生活造成严重影响。如今，在国家相关政策法规以及执法监管下，相关企业将落实主体责任，依托业务数据安全、安全运行维护等数据安全治理手段，逐步建立起制度化、体系化、规范化的数据安全管理机制，加快落实数据安全的合规性要求。

（四）精准网络勒索集中转向中小型企事业单位成为网络黑产新动向

自 2017 年 WannaCry 蠕虫病毒在全球范围爆发以来，勒索软件进入了大众的视野。勒索攻击利用比特币等数字货币的匿名性，使攻击者更容易隐藏其踪迹，追踪溯源难度较大，成为网络黑产的高发类型。近年来，勒索攻击的目标逐渐转向网络安全防护较为薄弱的中小型企事业单位。一些专业化的黑客组织出于非法牟取经济利益的目的，通过实施攻击渗透并植入勒索软件等方式，将单位内网中的重要网络资产和数据进行加密，使其日常业务工作无法正常开展，从而勒索大量赎金。从攻击手法来看，勒索软件逐渐呈现出专业性高、针对性强的特点，有向"泛 APT 攻击"发展的趋势。面对精准勒索攻击这一网络安全威胁，各单位应增强安全防护技术手段，提高员工防范意识和操作规范，做好对重要数据的加密和备份等工作。

（五）远程协同热度突增引发新兴业态网络安全风险新思考

2020 年初，全球突发新型冠状病毒感染的肺炎疫情，在其影响下，远程办公、医疗、教育等远程协同类的业态模式热度突增，大量传统行业也加快转向通过互联网开展远程业务协作，但是随之而来的数据泄露、网络钓鱼、勒索病毒、网络诈骗等网络安全风险和威胁也日益凸显。目前，我国已经发生多起通过办公电子邮件传播恶意软件以及对在线教育平台发起 DDoS 攻击的事件。由于远程办公、远程医疗、在线教育涉及节点众多、应用环境复杂，包括网络接入环境、终端设备、数据存储、云平台、可信认证、密码强度等，只要存在薄弱环节，就有可能带来网络远程协同业态中的系统运行安全、网络边界安全、数据安全等方面的问题。预计将来，针对远程协同类相关业态的网络安全风险和威胁将逐渐上升，引发更多对安全风险的关注。为应对新业态带来的潜在网络安全风险，在加速应用过程中，各方需加强对远程协作的安全监测和动态评估，及时、有效地应对可能出现的漏洞隐患、网络攻击，保障新业态的蓬勃稳定发展。

（六）5G 等新技术、新应用大量涌现或面临网络安全新挑战

2019 年，随着 5G 商用牌照正式发放、IPv6（互联网协议第 6 版）网络流量快速增长、区块链技术助力金融发展等新技术的发展，新业务正在蓬勃发展。5G 技术与 IPv6 的特点决定两者必将产生深度融合，引发智能制造、车联网、智慧能源、远程协作、个人 AI 辅助等新技术、新应用、新业态不断涌现，然而这会给网络带来怎样的新威胁和新风险，会产生怎样的新攻击类型，采用怎样的防御应对手段等都亟待研究。在区块链技术方面，近年来区块链相关系统安全问题频繁暴露，"技术＋金融"等新型攻击手段涌现，安全事故造成的损失高达上百亿美元，又由于区块链技术的匿名性和节点全球分布的特征，使用区块链数字资产做资金转移隐蔽性高，难以追溯和识别身份，为犯罪分子利用勒索病毒收取勒索资金等犯罪行为提供了便利。因此，相关部门要深入研究区块链的安全风险，健全区块链系统级安全防护技术和安全评估手段，建立适应区块链分布式技术机制的安全保障体系。

二、网络信息安全面临的新挑战

移动互联网信息安全是网络信息安全面临的新挑战。随着移动设备的普及，移动互联网已成为人们数字化生存的平台，应用不断拓展，几乎涵盖了内容共享服务、音乐影视艺术享受、信息搜索、电子阅读、游戏娱乐、旅游休闲、移动定位、社区服务、即时通信、个人信息管理等人类工作生活的绝大部分领域，永远在线随时随地的服务使之成为口袋中的互联网，从通信工具转变成为我们社会关系的全部，甚至成为我们身体的组成部分。也正因为如此，移动互联网也成为居心叵测者、犯罪分子觊觎的新领域。随着移动互联网时代的到来，移动网络安全问题不断暴露。移动互联网的快速发展和智能手机用户的激增使得黑客与居心叵测者看到了潜在的非法暴利的未来在于移动互联网。于是，移动互联网很快成为黑客们关注的对象和犯罪分子攻击的重点。因此，手机安全隐患越来越多，手机安全事件频发。在这一快速发展的过程中，不法分子也加大了对移动互联网的攻击与侵袭，并很快形成了一条完整的制造恶意软件、窃取隐私与机密信息、获取营利收入乃至暴利的犯罪产业链。移动互联网与手机安全面临严重威胁，中国手机安全领域开始真正面临"危险"局面。

（一）移动安全

1. 移动安全面临的威胁

移动安全威胁主要体现在恶意程序、广告软件、垃圾短信、骚扰电话等方面。调查研究显示，在 2019 年，全球有 27% 的公司由于移动设备的安全性问题而遭受了网络攻击，第六代网络攻击呈明显上升趋势[①]。其中，移动广告软件所带来的危害是最常见的网络威胁形式，它旨在从用户的设备收集个人信息。据统计，大约有数十亿人通过智能手机连接到互联网，但是企业却很少将移动安全放在首位。

网络犯罪分子只需要一个受损的移动设备，就可以窃取机密信息并访问企业网络。移动广告软件是一种恶意软件，旨在在用户屏幕上显示不需要的广告，网络罪犯可利用它来执行第六代网络攻击。所以，每天都会产生很多的移动威胁，复杂程度越来越高，成功率也越来越高。解决广告软件侵害的主要方法是查明手机是如何被感染的。广告软件的开发目的是在无需安装程序的情况下潜入设备中。清除此类病毒可能非常困难，它收集的信息（如设备操作系统、位置、图像等）可能会带来很高的安全风险。广告软件通常通过移动应用程序分发。Statista（德国专业数据平台）的数据显示，Android（安卓）和 GooglePlay（安卓的官方在线应用程序商店）用户可以使用 250 万个应用程序，苹果商店有 180 万个应用程

---

① 51CTO. 无声的瘟疫——移动广告软件大肆传播感染用户 [EB/OL].（2020-06-10）[2022-10-15]. https://www.51cto.com/article/618550.html.

序①。这些数字说明了这种攻击的传播范围很广，这也是网络犯罪分子为何将注意力集中在移动设备上的原因。

广告软件传播的强大功能之一就是 Agent Smith，它是 Check Point（捷邦）的研究人员去年发现的一种新型移动恶意软件变体。Agent Smith 在全球范围内感染了大约 2500 万移动设备，却没有引起用户的注意②。它模仿了 Google 应用程序，并利用了 Android 系统中的已知漏洞，自动将已安装的应用程序的版本替换为包含恶意代码的版本，而这些操作全都是在用户不知情的情况下进行的。它还利用这些设备的资源，展示欺诈性的广告，这些欺诈性的广告可以通过窃听和窃取银行凭证来获利。

大众在日常生活中经常会接到骚扰电话，从保险推销、商家推广甚至到冒充身份、网络诈骗，五花八门。究其根源，实际为用户个人敏感信息泄露所导致。个人信息犯罪案件屡禁不止，已成为社会关注的焦点。在大数据信息时代，公民个人信息泄露渠道增多，并呈现多样化态势，骚扰电话治理迫在眉睫。随着技术手段的不断升级，骚扰电话扰民方式更加多变。从利用个人手机号逐渐发展到利用多号段、虚拟号码、自动外呼系统等，让人防不胜防。

2. 移动安全的发展趋势

（1）通信技术发达时代，骚扰治理形势严峻

对于互联网用户而言，互联网的出现和技术能力的演进本是一件便捷生活的好事。短信、电话作为生活中必不可少的一部分，拓宽了社交渠道，增加了信息来源。但随着黑灰产业的介入，信息爬取、新型短信、电话骚扰技术成为了困扰人们正常生活的绊脚石。屏幕直显短信技术成为一种黑灰商业交易的手段，不法分子用这种无法屏蔽的信息打造出了近乎 100% 广告投递的效果。对于手机用户而言，这远比传统意义上的营销短信伤害大。目前，主流安全厂商对于利用此类屏幕直显文本技术推广的黑灰短信已能进行内容识别和安全提示，降低了黑灰产业对此行业的恶意影响。

---

① 能信安科技. 变态传播的移动广告软件又翻新花样，第六代网络攻击呈上升趋势 [EB/OL].（2020-06-12）[2022-10-15]. https://baijiahao.baidu.com/s?id=1669195661777756388&wfr=spider&for=pc.

② 泡泡网. 恶意软件已悄然来袭，全球约 2500 万台设备被感染 [EB/OL].（2019-07-11）[2022-10-15]. https://baijiahao.baidu.com/s?id=1638746953920663517&wfr=spider&for=pc.

随着短信技术的发展，骚扰程序化、外呼机器人被广泛应用，电话技术也进行了快速演进，进入了智能语音时代，模拟人工客服的外呼机器人应运而生。传统的销售行业往往是通过人工拨打电话并筛选海量用户号码。此种人工客服群拨电话的方式往往挂断率居高不下，筛选意向客户花费的时间较多，无法进行跟踪记录。随着语音识别技术与人工智能技术的发展与成熟，集拨打、回答、采集、推销于一身的外呼机器人出现，并在 2019 年呈现爆发增长趋势。

各种电话机器人集成商打包提供服务。智能外呼机器人似乎成了企业电话营销的利器，但对接电话的一方造成了很大的负面影响。

在大数据和云计算的帮助下，各种新型的计算机技术运用到了现实生活中，企业获取了互联网发展的红利，用户改善了生活方式，但技术一旦被滥用，甚至用于非法活动，将会带来严重的社会问题，如短信、电话技术的骚扰、欺诈场景。对于技术提供方而言，可以通过以下两种方式降低这种"不良效应"产生的影响。第一，进行行业限制，审核使用方的资质，避免骚扰类、欺诈类接入方使用该产品。第二，进行场景限制，避免此类短信、电话技术被盗用于骚扰、欺诈。对于安全类产品而言，应借力打力，顺应时代推出反制产品，如推出结合号码标记＋语音语义识别的安全大脑，帮助用户识别，解决用户痛点与烦恼。

（2）山寨应用泛滥，打击其背后产业链刻不容缓

随着互联网快速发展和移动支付愈发便捷，人们对于移动端预约、处理交通事宜有了迫切的需求。于是中国铁路客户服务中心网站（12306）和公安部互联网交通安全综合服务管理平台（12123）正式上线。前者为用户提供客货运输业务和公共信息查询服务，后者为用户提供机动车、驾驶证、违法处理等业务预约、受理和办理等服务。出于名称简约的需求和对应用的信任，12306 和 12123 成了平台的代名词，买车票用 12306，缴违章使用 12123。由于 12306 和 12123 的便利性和实操性，此类应用成了生活的必需品，也应运成了国民级应用。通过调查某应用商店的数据可以发现，截至 2019 年 1 月 6 日，12306 和 12123 下载量都已达千万级。面对如此火热的产品，黑灰产业也想分一杯羹，于是开始了各种"借名"骗钱套路。由于名称的"简约"性，黑灰产业开始利用相似名称，进行仿冒应用推广。此类应用由于是非"官方"应用，存在众多的陷阱，会套取用户隐私、诱导扣费，甚至推荐或直接售卖虚假产品。正规应用遭不法分子利用，山寨 App

套路多、危害大。例如，根据 12123 的应用协议，12123 需要索要用户的 IP 地址、访问时间、浏览器类型。而一个代缴费类应用却需要索要一些与应用本身不相关但与用户隐私密切相关的信息。同时，该隐私协议还描述平台可将用户隐私分享给第三方，在商业上的合理努力的前提下，平台并不就功能、软件、服务及其所包含内容的延误、不准确、错误、遗漏或由此产生的任何损害，以任何形式向用户或第三方承担任何责任。正是由于此种条款的存在，用户在此类平台上传的个人信息在被共享的过程中就存在信息泄露的可能。

（3）虚假网贷已形成危害网络安全的产业链

随着中国经济结构和主力消费群体的变化，消费信贷市场逐渐开始蓬勃发展。与此同时，贷款也从早先的物质抵押、审核流程复杂和周期长发展到使用金融 App，用户动动手指就能完成个人身份认证，就可获得所贷资金。但现实却是用户一旦有了借贷需求，各种虚假信贷平台，如套路贷、贷款诈骗随之而来。相关数据显示，2019 年 360 手机先赔共接到诈骗举报 3924 起。其中，网络金融借贷诈骗申请为 363 起，涉案总金额高达 226 万元，人均损失 6226 元。从举报用户的性别差异来看，男性受害者占 65%，女性占 35%，男性受害者占比高于女性。从人均损失来看，男性为 5810 元，女性为 7003 元，男性受害者人数虽高于女性，但人均损失低于女性[1]。

随着金融市场监管的加强，不满足政策要求的网贷平台逐渐被"踢出"市场。虽然网贷平台规模缩水，但网贷市场需求却没有缩减，于是，传统"高利贷"进军网贷行业，并催生出负责贷款推荐的"贷款超市"、负责贷款身份校验的审核平台、负责放款的套路贷（714 高炮）平台和负责逾期催收的"暴力"催债平台等。

贷款超市是推荐贷款平台的应用，可以理解为应用商店，该应用商店内的应用都是借贷产品。用户在使用"贷款超市"时，需上传个人身份信息及银行账号信息。开通贷款推荐服务时，会默认勾选一项"风险评估费"，一旦用户点了确认，无论后续用户借贷成功与否，此笔资金都会直接从用户在该平台绑定的银行账户内扣除。套路贷俗称 714 高炮，用户借贷 1000 元只到账几百元，而且必须在 7 天或 14 天内归还 1000 元，逾期会产生更高的利息费。不仅借贷利息高于国

---

[1] 中国日报网.360 发布《2019 年中国手机安全状态报告》：90 后受骗率最高 [EB/OL].（2020-03-31）[2022-10-15]. http://cn.chinadaily.com.cn/a/202003/31/WS5e830754a3107bb6b57a9df7.html?from=groupmessage.

家规定的 36%，甚至还会通过一些手段（还款当天还不上款）故意让用户产生逾期。当用户无力偿还时，他们就会引导用户去其他网贷借贷（同一放贷集团运作），让用户陷入借的平台越多，欠的资金越多的恶性循环。当用户实在无力还钱时，群呼电话、短信等手段轮番上演。

虚假贷款平台背后已形成搭建、推广和分成的产业链。随着互联网金融的快速发展，"寄生"其上的黑灰产业规模和技术也在不断壮大和升级，网贷黑灰产业链条已十分完善和成熟。

（二）物联网安全

1. 物联网安全问题现状

（1）物联网标签扫描引起信息泄露

由于物联网的运行靠的是标签扫描，而物联网设备的标签中包含着有关身份验证和密钥等非常重要的信息，在扫描过程中，标签能够自动回应阅读器，但是查询的结果不会告知所有者。这样物联网扫描标签时可以向附近的阅读器发布信息，并且射频信号不受建筑物和金属物体阻碍，一些与物品连在一起的标签内的私密信息就有可能被泄露。在标签扫描时发生的个人隐私泄露可能会对个人造成伤害，严重的甚至会危害社会的稳定和国家的安全。

（2）物联网射频标签受到恶意攻击

物联网能够得到广泛应用的原因在于其大部分应用不用依靠人来完成，这样不仅节省人力，还能提高效率。但是，这种无人化的操作给恶意攻击者提供了机会。恶意攻击者很可能会对射频扫描设备进行破坏，甚至可能在实验室里获取射频信号，对标签进行篡改、伪造等，这些都会威胁到物联网的安全。

（3）标签用户可能被定位跟踪

射频识别标签只能对符合工作频率的信号予以回应，但是不能区分非法与合法的信号，这样恶意的攻击者就有可能利用非法的射频信号干扰正常的射频信号，还可能对标签所有者进行定位跟踪。这样不仅可能会给被定位和跟踪的相关人员造成生命财产安全隐患，还可能会造成国家机密的泄露，给国家带来安全危机。

（4）物联网的不安全因素可能通过互联网进行扩散

物联网建立在互联网基础之上，而互联网是一个复杂多元的平台，其本身就存在不安全的因素，如病毒、木马和各种漏洞等。以互联网为基础的物联网会受到这些安全隐患的干扰，恶意攻击者有可能利用互联网对物联网进行破坏。在物联网中已经存在的安全问题也会通过互联网进行扩散，进而扩大不利影响。

（5）核心技术依靠国外存在安全隐患

我国的物联网技术兴起较晚，很多技术和标准体系都还不够完备，相较于世界上的发达国家，水平还很低。我国尚未掌握物联网的核心技术，目前只能依靠国外。基于此，恶意攻击者有可能在技术方面设置障碍，破坏物联网系统，影响物联网安全。

（6）物联网加密机制有待健全

目前，网络传输加密使用的是逐跳加密，只对受保护的链进行加密，中间的任何节点都可解读，这可能会造成信息的泄露。在业务传输中使用的是端到端的加密方法，但不对源地址和目标地址进行保密，这也会造成安全隐患。加密机制的不健全不仅威胁物联网安全，甚至还可能威胁国家安全。

（7）物联网的安全隐患会加剧工业控制网络的安全威胁

物联网的应用面向社会的各行各业，有效地解决了远程监测、控制和传输问题。但物联网在感知、传输和处理过程中的安全隐患可能会延展到实际的工业网络中。这些安全隐患长期在物联网终端、感知节点、物联网传输通路潜伏，伺机实施攻击，破坏工业系统安全，甚至威胁国家安全。

2. 物联网的安全特征

物联网是一个多层次的网络体系，当其作为一个应用整体时，各个层次的独立安全措施简单相加不足以提供可靠的安全保障。物联网的安全特征体现在以下三个方面。

（1）安全体系结构复杂

针对传感网、互联网、移动网、云计算等的一些安全解决方案在物联网环境中可以部分使用，而其余部分不再适用。物联网海量的感知终端使其面临复杂的信任接入问题；物联网传输介质和方法的多样性使其通信安全问题更加复杂；物联网感知的海量数据需要存储和保存，这使数据安全变得十分重要。因此，构建适合全面、可靠传输和智能处理环节的物联网安全体系结构是物联网发展的一项重要工作。

（2）安全领域涵盖广泛

首先，物联网所对应的传感网的数量和智能终端的规模巨大，是单个无线传感网无法相比的，需要引入复杂的访问控制问题；其次，物联网所连接的终端设备或器件的处理能力有很大差异，它们之间会相互作用，信任关系复杂，需要考虑差异化系统的安全问题；最后，物联网所处理的数据量比现在的互联网和移动网大得多，需要考虑复杂的数据安全问题。所以，物联网的安全范围涵盖广泛。

（3）有别于传统的信息安全

即使分别保证了物联网各个层次的安全，也不能保证物联网的安全。这是因为物联网是融合多个层次于一体的大系统，许多安全问题来源于系统整合。例如，物联网的数据共享对安全性提出了更高的要求，物联网的应用需求对安全提出了新挑战，物联网的用户终端对隐私保护的要求也日益复杂。鉴于此，物联网的安全体系需要在现有信息安全体系之上，制定可持续发展的安全架构，使在物联网发展和应用过程中，其安全防护措施能够不断完善。

3. 物联网的安全问题解决对策建议

目前，国内外学者针对物联网的安全问题开展了相关研究，在物联网感知、传输和处理等各个环节均开展了相关工作，但这些研究大部分是针对物联网的各个层次的，还没有形成完整系统的物联网安全体系。

在感知层，感知设备有多种类型，为确保其安全，目前主要进行加密和认证工作，利用认证机制避免标签和节点被非法访问。目前已经有了一定的技术手段对感知层进行加密，但是还需要提高安全等级，以应对更高的安全需求。

在传输层，主要研究节点到节点的机密性，利用节点与节点之间严格的认证，保证端到端的机密性；利用与密钥有关的安全协议，保障数据的安全传输。

在应用层，目前的主要研究工作是数据库安全访问控制技术，但还需要研究其他相关的安全技术，如信息保护技术、信息取证技术和数据加密检索技术等。

在物联网安全隐患中，用户隐私的泄露是危害用户的极大安全隐患，所以在考虑对策时，首先要对用户的隐私进行保护。目前主要通过加密和授权认证等方法，只有拥有解密密钥的用户才能读取通信中的用户数据以及个人信息，这样能够保证传输过程不被他人监听。但是如此一来，加密数据的使用就会变得极不方便。因此，需要研究支持密文检索和运算的加密算法。

参考文献

[1] 蒋理.计算机信息及网络安全实用教程 [M].北京：中国水利水电出版社，2009.

[2] 梁松柏.计算机网络信息安全管理 [M].北京：九州出版社，2018.

[3] 温翠玲，王金嵩.计算机网络信息安全与防护策略研究 [M].天津：天津科学技术出版社，2019.

[4] 郭丽蓉，丁凌燕，魏利梅.计算机信息安全与网络技术应用 [M].汕头：汕头大学出版社，2019.

[5] 刘永铎，时小虎.计算机网络信息安全研究 [M].成都：电子科技大学出版社，2017.

[6] 徐伟.计算机信息安全与网络技术应用 [M].北京：中国三峡出版社，2018.

[7] 张方舟.计算机网络与信息安全 [M].哈尔滨：哈尔滨工业大学出版社，2008.

[8] 刘永华，张秀洁，孙艳娟.计算机网络信息安全 [M].北京：清华大学出版社，2019.

[9] 史望聪，钱伟强.计算机网络安全 [M].东营：中国石油大学出版社，2017.

[10] 吴朔媚，宋建卫.计算机网络安全技术研究 [M].长春：东北师范大学出版社，2017.

[11] 李伟超.计算机网络信息安全中的数据加密技术 [J].网络安全技术与应用，2022（11）：23-24.

[12] 麻恒瑞.计算机网络信息安全保障措施研究 [J].电脑知识与技术，2022，18（29）：71-73.

[13] 马玥桓.计算机网络信息安全及其防护对策探讨 [J].现代信息科技，2022，6（19）：116-119.

[14] 吴红.新环境下的计算机网络信息安全及其防火墙技术应用分析 [J].网络安全技术与应用，2022（7）：14-16.

[15] 杨光.计算机网络信息安全技术应用 [J].无线互联科技，2022，19（9）：38-40.

[16] 李健，李小虎，武彦明.计算机网络信息安全技术及发展 [J].中国新通信，2022，24（1）：131-132.

[17] 杨青丰，刘思雨，唐丽萍.5G 时代计算机网络信息安全问题探析 [J].中小企业管理与科技（中旬刊），2021（12）：146-148.

[18] 卜水洲.计算机网络信息安全中数据加密技术 [J].数字技术与应用，2021，39（11）：234-236.

[19] 雒恒巍.浅析计算机网络信息安全问题及其防范措施 [J].信息记录材料，2021，22（10）：176-177.

[20] 童瀛，姚焕章，梁剑.计算机网络信息安全威胁及数据加密技术探究 [J].网络安全技术与应用，2021（4）：20-21.

[21] 陈钇仿.总体国家安全观下的网络信息安全风险预警研究 [D].湘潭：湘潭大学，2021.

[22] 白霞.个人网络信息安全管理存在的问题与对策研究 [D].济南：山东大学，2016.

[23] 董梦林.大数据背景下网络信息安全控制机制与评价研究 [D].长春：吉林大学，2016.

[24] 陈燕.计算机网络信息安全风险评估标准与方法研究 [D].青岛：中国海洋大学，2015.

[25] 衷奇.计算机网络信息安全及应对策略研究 [D].南昌：南昌大学，2010.

[26] 罗亮.完善互联网信息安全保障机制的思考 [D].上海：上海交通大学，2008.

[27] 杨旭.计算机网络信息安全技术研究 [D].南京：南京理工大学，2008.

[28] 张爱华 . 网络信息安全社会问题研究 [D]. 武汉：华中科技大学，2006.

[29] 王崙 . 计算机网络与信息安全技术在吉林省烟草行业内的应用 [D]. 长春：吉林大学，2005.

[30] 王卫亚 . 计算机网络安全设计与研究 [D]. 西安：长安大学，2002.